INSECTES

Heiko Bellmann

Gunter Steinbach éd.

526 photos
18 dessins

Rossolis

Table des matières

 *ACTIFS DANS LA NATURE*

Clairon des ruches sur un iris.

Vue d'ensemble de nos insectes

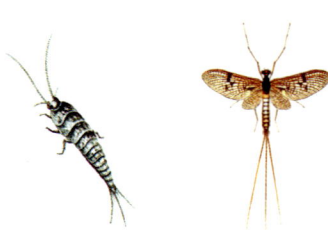

Comme en témoignent les superbes libellules, les coléoptères au corps compact ou les diaphanes éphémères, la classe des insectes, en tant que groupe d'animaux le plus riche en espèces, présente une extraordinaire diversité de formes.
Afin de maîtriser un tant soit peu cette abondance de formes, on a réparti les insectes dans environ 30 ordres, qui ont à leur tour été réunis dans des groupes de parenté : les superordres et les sous-classes. Les principaux ordres d'insectes sont brièvement présentés ici.

Aptérygotes, Éphéméroptères, Plécoptères et Odonates

Les **Aptérygotes** sont considérés comme les insectes les plus primitifs. Ils ne possèdent pas d'ailes et, contrairement aux poux et aux puces, également aptères, ne descendent pas d'ancêtres ailés. On les qualifie par conséquent d'insectes primitivement aptères. Ce groupe comprend les **Collemboles**, les **Diploures**, les **Archéognathes** et les **Zygentomes** (poisson d'argent). Tous se développent vers l'insecte adulte (imago) sans métamorphose, en passant par de nombreux stades juvéniles.

On leur oppose les insectes primitivement ailés, dont les représentants ont une métamorphose incomplète. À la base de ce groupe se trouvent les **Éphéméroptères** (éphémères), dont les larves vivant dans l'eau diffèrent très nettement des adultes ailés. Il s'agit de l'unique ordre d'insectes chez qui apparaît un stade ailé, appelé subimago, intermédiaire entre la larve et l'adulte. Les larves des **Plécoptères** (perles) et des **Odonates** (libellules) sont également aquatiques. Alors que les larves de Plécoptères diffèrent peu des imagos, excepté l'absence d'ailes, les différences entre la larve et l'adulte sont importantes chez les Odonates.

Pages 18-37

Orthoptères et alliés

Hémiptères et alliés

La classification des insectes comprend ensuite plusieurs ordres dont les représentants possèdent des ailes droites (« **orthoptères** »). Chez eux, les ailes antérieures sont rigidifiées et coriacées, alors que les délicates ailes postérieures sont repliées, au repos, à la manière d'un éventail sous les ailes antérieures. Ces insectes présentent eux aussi une métamorphose incomplète. Outre les **Orthoptères** (grillons, criquets et sauterelles), ce groupe comprend les ordres des **Dictyoptères (blattes)**, des **Dermaptères** (forficules), des **Phasmides** (phasmes et mantes) et des **Isoptères (termites)**. Chez eux, les larves ne diffèrent que peu des adultes, et les deux stades de développement présentent un mode de vie semblable. Les Isoptères, qui ne sont pas indigènes en Europe moyenne, divergent quelque peu du reste de ce groupe. Ce sont en effet les seuls insectes à métamorphose incomplète vivant en colonies nombreuses comme les fourmis. Cette forme d'organisation sociale très évoluée comprend l'existence de castes telles qu'une reine, un roi, des soldats et des ouvriers, qui ont tous des fonctions différentes.

Ce groupe d'ordres d'insectes, dont les pièces buccales primitivement broyeuses se sont transformées en organe piqueur-suceur, se trouve sur la plus haute marche des insectes à métamorphose incomplète. Alors que les **Psocoptères (psoques)** possèdent encore des pièces buccales broyeuses, mais en partie déjà nettement pointues, les autres représentants de ce groupe, c'est-à-dire les **Hémiptères** (punaises et autres), **Thysanoptères (thrips)** et **Phthiraptères** (poux), présentent un rostre piqueur-suceur typique. L'ordre des Hémiptères est à son tour subdivisé en différents sous-ordres et super-familles comprenant par exemple les **pucerons**, les **cochenilles** et les **aleurodes**. Bien que ces noms ne laissent rien présager de positif, et quoique ce groupe comprenne beaucoup d'insectes suceurs de sang (hématophage) ou ravageurs, il offre aussi toute une série d'espèces attractives et parfaitement utiles. Il existe même des punaises qui s'occupent de façon touchante de leur progéniture, comme la femelle de la Punaise grise, qui protège la grande troupe de ses jeunes jusqu'à sa propre mort.

Pages 38-53

Pages 54-69

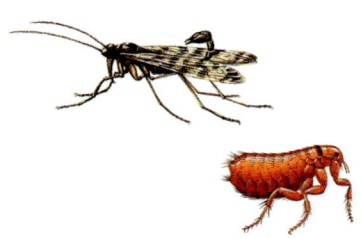

Névroptères, Siphonaptères, Mécoptères et Trichoptères

Coléoptères

Les **Névroptères** au sens large, qui réunissent les **Mégaloptères**, les **Raphidioptères** et les **Névroptères** au sens strict (ex-Planipennes), se situent au début de la classification des insectes évolués. Ils possèdent tous deux paires d'ailes de forme semblable, à nervation dense, tenues en toit au-dessus de l'abdomen au repos. Les **fourmilions**, les **chrysopes** et les étranges **mantispes** font partie des Névroptères au sens strict. Les séduisants **ascalaphes** appartiennent également à cet ordre.

Les **Siphonaptères** (puces), comme prochain ordre dans cet ouvrage, se distinguent des autres insectes par leur corps fortement aplati latéralement.

Ils sont suivis par les **Mécoptères** (panorpes), chez qui la tête se prolonge en un bec dirigé vers le bas, au bout duquel se trouvent des pièces buccales broyeuses. Les Mécoptères sont considérés comme apparentés aux Diptères et font de ce fait partie des ordres d'insectes les plus évolués. Les **Trichoptères** (phryganes), également très évolués, ont des ailes recouvertes d'une pilosité généralement bien visible. À quelques rares exceptions près, leurs larves vivent dans l'eau.

Les **Coléoptères** se distinguent par leurs ailes antérieures dures (élytres), transformées en carapace. Chez eux aussi se trouvent des insectes aux formes étranges, car ils se sont adaptés à tous les milieux imaginables : depuis les différents étages des forêts jusqu'aux déserts, des montagnes jusque sous l'eau. On ne les cherche en vain qu'en pleine mer.

Parmi les formes anatomiques spéciales particulièrement efficaces, relevons par exemple les pattes natatoires inhabituelles des gyrins, les femelles aptères, d'aspect larvaire des lucioles, l'organe artificier des coléoptères bombardiers ou le long rostre perceur du Balanin des noisettes. Les staphylins, avec leurs élytres fortement réduits, représentent également une modification de la forme fondamentale.

Pages 70-83   Pages 84-135

Diptères

Hyménoptères

Les **Diptères** représentent l'un de nos ordres d'insectes les plus riches en espèces. On les reconnaît facilement à la forme typique de leurs ailes : alors que les ailes antérieures sont normalement développées, les ailes postérieures ont été transformées en minuscules balanciers ou haltères, qui jouent le rôle important de gouvernail durant le vol.

Les **moustiques** et les **mouches** font partie des Diptères. Alors que les premiers ont en général des antennes longues, composées de nombreux articles, les antennes des mouches ne comportent généralement que trois articles.

De nombreux Diptères, en particulier les moustiques, présentent un développement larvaire aquatique, d'autres un développement sous terre, dans des parties de plantes pourrissantes, dans le fumier ou dans des cadavres d'animaux. Les pupes sont soit libres et mobiles, soit enveloppées sous forme de tonnelets dans la dernière cuticule larvaire.

Les imagos ne vivent jamais dans l'eau ou à l'intérieur d'autres matières. Ils se nourrissent d'autres insectes, de nectar ou de sang, ou ne s'alimentent pas du tout.

Les **Hyménoptères** constituent le dernier ordre. Ils possèdent deux grandes paires d'ailes inégales, reliées entre elles par une série de petits crochets. Chez beaucoup d'entre eux, l'oviposteur originel a été modifié en aiguillon, dont bien des gens gardent un souvenir douloureux. Une autre caractéristique, que ne possèdent pas non plus toutes les espèces, est la fameuse taille de guêpe, c'est-à-dire un fort resserrement de la partie antérieure de l'abdomen, lequel devient ainsi très mobile.

De nombreux représentants de ce groupe riche en espèces accomplissent des performances étonnantes, que ce soit dans le dépistage et la capture des proies ou dans la construction de leurs nids. Leurs comportements sociaux sont en partie comparables aux activités humaines. Beaucoup de fourmis, guêpes et abeilles ont également développé un système étatique. Certains Hyménoptères tels que l'Abeille européenne possèdent même un langage servant à la communication intraspécifique.

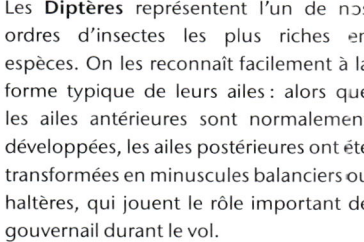

Pages 136-151   Pages 152-179

Se transformer pour grandir

Les insectes se distinguent en particulier par l'enveloppe rigide qui soutient leur corps. Cette carapace plus ou moins raide est divisée en anneaux, de sorte que les membres et le tronc restent mobiles. Cet exosquelette rigide a cependant aussi un inconvénient : les insectes ne peuvent croître que dans la mesure où les anneaux de la carapace le permettent.

Croissance par poussées

Une croissance plus importante n'est possible que lorsque l'ancienne cuticule est abandonnée et remplacée par une nouvelle, plus grande. Ce nouvel habit est dans un premier temps encore tendre et extensible, mais durcit ensuite rapidement. Les insectes croissent ainsi par poussées, durant les mues, alors que leur croissance est très faible durant les phases intermédiaires. Le nombre de mues varie entre deux et quinze selon l'espèce, mais peut aussi varier quelque peu au sein d'une même espèce. L'ensemble du développement d'un insecte ne se résume cependant pas à cette seule croissance par poussées. Un autre phénomène vient presque toujours s'y ajouter : la métamorphose, c'est-à-dire la transformation du corps pendant le développement. On distingue deux types fondamentaux de métamorphoses.

La métamorphose complète

Typiquement, un insecte passe par quatre stades très différents les uns des autres. L'œuf (1er stade) donne naissance à la larve (2e stade). Chez la plupart des insectes, le stade larvaire est celui de l'alimentation. Durant cette phase, le corps grandit constamment, en plusieurs poussées durant les mues, sans que sa forme se modifie. Il est suivi par un stade nymphal (3e stade) plus ou moins immobile, servant de phase de repos, durant lequel se produit une transformation des organes internes et le développement des ailes. Finalement, la dernière mue permet à l'insecte complet, l'imago (4e stade), de quitter la nymphe (ou pupe). Les ailes sont alors extraites des fourreaux alaires et pendent tout d'abord sous le corps comme des lambeaux informes et chiffonnés. L'injection de sang (hémolymphe) dans les nervures alaires permet ensuite de déployer les ailes, qui peuvent être utilisées pour un premier vol après

Métamorphose complète : dernière larve (à gauche) et nymphe de l'Otiorhynque de la vigne.

le séchage (généralement une à deux heures plus tard). Ce type fondamental de transformation, la métamorphose complète ou **holométabolie**, apparaît chez les insectes plus évolués.

La métamorphose incomplète

Le second type de transformation important est la métamorphose incomplète ou **hémimétabolie**. Il y manque le stade nymphal ; l'imago éclôt ainsi directement de la dernière mue de la larve. Celle-ci et l'imago peuvent cependant être très différents, surtout lorsqu'ils n'ont pas le même mode de vie. Les libellules en sont un bon exemple, dont les larves sont aquatiques alors que les imagos vivent sur terre. Chez les sauterelles en revanche, les différences entre les larves et les adultes sont comparativement faibles, excepté les ailes, car contrairement aux libellules, les deux stades ont quasiment le même

Métamorphose incomplète : la larve est très différente de la libellule adulte.

mode de vie. L'hémimétabolie apparaît chez les insectes ailés plus primitifs.

Formes intermédiaires

Il existe en outre des **formes intermédiaires** entre les insectes holométaboles et hémimétaboles. Les aleurodes, par exemple, font partie des insectes à métamorphose incomplète. Mais chez eux, le dernier stade larvaire est très immobile et fait fortement penser à une nymphe. Les Raphidioptères et Trichoptères, quant à eux, se distinguent par une transformation complète. Mais chez eux la nymphe, tout d'abord immobile, commence à se déplacer avant la fin de son développement afin de trouver un lieu plus approprié à la dernière mue.

Métamorphose incomplète : la larve de la Punaise brune (en haut) ressemble beaucoup à l'imago ailé.

Glossaire

antennes: organes sensoriels situés sur la tête des insectes

branchie: organe respiratoire de nombreux animaux aquatiques

carène: arête saillante

cerque: appendice plus ou moins longs situés à l'extrémité de l'abdomen de certains insectes

cocon: enveloppe protectrice formée de fils de soie, dont les larves d'insectes s'entourent pour se nymphoser

élytres: paire d'ailes antérieures épaisse, dure et cornée

espèce: ensemble des individus pouvant se reproduire entre eux de façon naturelle et illimitée, et possédant des caractères communs entre eux et avec leurs descendants

furca (fourche): organe de saut fourchu situé sous l'abdomen des collemboles (Aptérygotes)

genre: catégorie systématique située entre l'espèce et la famille, dans laquelle sont réunies des espèces qui se ressemblent. Le premier mot du nom scientifique est le nom de genre

haltères (balanciers): paire d'ailes réduites en un petit organe en forme de massue, servant à la coordination du vol

hémimétaboles (insectes): insectes à métamorphose incomplète. Le stade nymphal manque; l'imago éclôt ainsi directement de la dernière mue de la larve

holométaboles (insectes): insectes à métamorphose complète comprenant un stade nymphal

imago: insecte « adulte », p. ex. le papillon après les stades de chenille (larve) et de chrysalide (nymphe). Le subimago est un stade déjà ailé précédant l'imago et qui ne se rencontre que chez les éphémères

larves: stades juvéniles autonomes, vivant généralement librement, dont l'aspect et souvent aussi les mœurs diffèrent nettement de ceux des individus adultes

métamorphose: transformation morphologique de la larve d'insecte en insecte parfait (⇨ imago). On fait la distinction entre la métamorphose complète (insectes ⇨ holométaboles) et la métamorphose incomplète (insectes ⇨ hémimétaboles)

mimétisme: imitation d'éléments animés ou inanimés de l'environnement (p. ex. feuilles, épines ou pierres) à des fins de camouflage

mimétisme batésien: imitation des couleurs (homochromie) ou des formes (homomorphie) d'animaux dangereux ou toxiques par d'autres animaux ne bénéficiant pas de cette protection

nymphe (pupe, chrysalide): stade de développement intermédiaire, immobile, apparaissant chez les insectes holométaboles, au cours duquel ont lieu de profondes transformations vers l'individu sexué achevé (l'imago)

ommatidie: chez les insectes adultes, élément des yeux composés

oviposteur: appareil de ponte en forme de bâtonnet ou de couteau situé au bout de l'abdomen de nombreux insectes femelles

parasite: espèce animale utilisant une autre espèce, l'hôte, comme source de nourriture, comme habitat ou pour l'élevage des jeunes et lui causant ainsi plus ou moins de tort, mais normalement sans la tuer

parthénogenèse: reproduction sans fécondation par le mâle

parure prémonitrice (ou aposématique): dessins et couleurs d'animaux dangereux ou toxiques; a un effet dissuasif sur les prédateurs potentiels

pattes ravisseuses: pattes antérieures transformées chez certains insectes prédateurs (p. ex. Mante religieuse ⇨ p. 40 ou Mantispe commun ⇨ p. 72), servant à la capture des proies

pronotum: plaque (sclérite) dorsale sur le 1er segment thoracique (prothorax) de certains insectes tels que les coléoptères, forficules et punaises

ptérostigma: sur les ailes de certains insectes, espace foncé délimité par plusieurs nervures

rostre: pièces buccales modifiées pour percer et aspirer

scutellum: partie dorsale du mésothorax

spermatophore: paquet de spermatozoïdes transmis par le mâle à la femelle

subimago ⇨ imago

Parties du corps des insectes

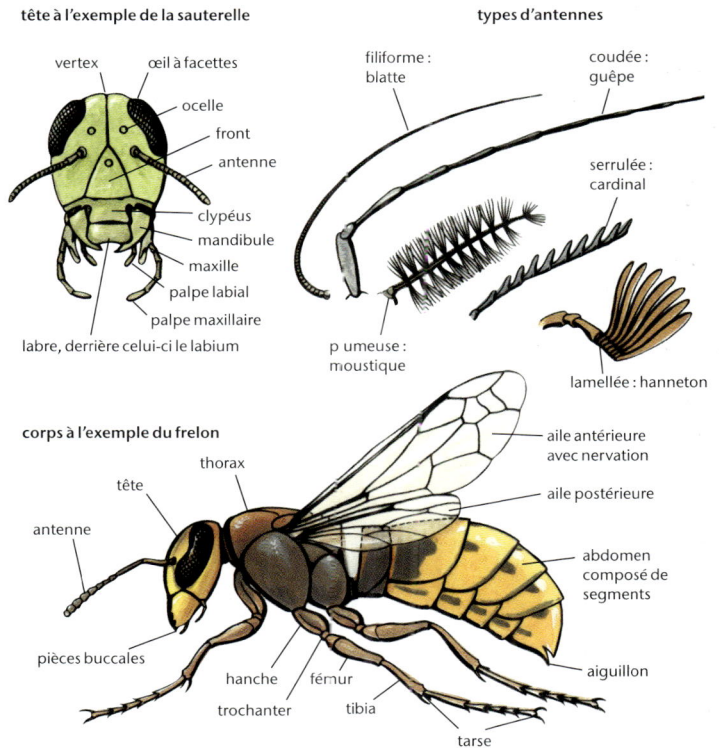

tête à l'exemple de la sauterelle

types d'antennes

vertex
œil à facettes
ocelle
front
antenne
clypéus
mandibule
maxille
palpe labial
palpe maxillaire
labre, derrière celui-ci le labium

filiforme: blatte
coudée: guêpe
serrulée: cardinal
p umeuse: moustique
lamellée: hanneton

corps à l'exemple du frelon

tête
thorax
antenne
pièces buccales
hanche
trochanter
fémur
tibia
tarse
aile antérieure avec nervation
aile postérieure
abdomen composé de segments
aiguillon

Sur la trace des insectes

Avec leur immense abondance d'espèces, les insectes colonisent quasiment tous les habitats imaginables. On rencontre leurs représentants les plus divers sur chaque prairie, dans chaque forêt et au bord de toutes les eaux intérieures. Les insectes ne manquent finalement qu'en pleine mer. Mais quel est le meilleur moyen de les dépister ? Voici ce que l'on peut faire pour réaliser de passionnantes observations.

Le bon endroit

Selon le groupe d'insectes qui vous intéresse le plus, vous trouverez votre bonheur dans des endroits très différents. Outre la constatation banale que les libellules apparaissent à proximité de l'eau et les sauterelles plutôt dans les milieux secs, vous verrez rapidement qu'à côté des espèces **ubiquistes**, c'est-à-dire apparaissant dans de très nombreux habitats, il en existe d'autres qui ont des **exigences particulières**. Alors que l'Agrion élégant, par exemple, se rencontre au bord de presque toutes les eaux, les Caloptéryx ne fréquentent généralement que les eaux courantes.

Certains insectes apparaissent souvent à proximité de plantes bien déterminées. On peut donc dire que les endroits présentant une **grande diversité de plantes,** comme une prairie richement fleurie, abritent en principe aussi un grand nombre d'insectes différents.

Il serait cependant dommage de se limiter à quelques habitats déterminés.

Laissez-vous plutôt **surprendre,** par exemple lors d'une balade ou d'un pique-nique. Vous rencontrerez alors souvent des animaux relativement atypiques pour l'habitat en question. De nombreuses espèces de libellules, par exemple, migrent sur de grandes distances et s'observent alors loin de toute étendue d'eau.

L'équipement parfait

Si vous avez déniché un insecte intéressant, la **boîte-loupe** sera le meilleur moyen d'admirer ce petit animal fuyant. Avec ce **guide de détermination** dans la poche, vous pourrez ensuite tranquillement chercher le nom de ce mystérieux organisme. Mais n'oubliez pas ensuite de lui rendre sa liberté !

Le « zoo » à domicile

Un autre moyen d'effectuer de passionnantes observations d'insectes consiste à **attirer** les animaux pour qu'ils **s'établissent** dans notre environnement proche. De nombreuses **espèces de libellules** et d'autres insectes aquatiques peuvent ainsi être attirés grâce à l'aménagement d'étangs, et cela même au beau milieu des villes. Cependant, il s'agit alors plutôt d'espèces abondantes et largement répandues.

Les tentatives d'acclimatation réussissent généralement encore mieux avec les hyménoptères, en particulier avec les **guêpes et les abeilles sauvages.**

Observer les insectes au moyen d'une boîte-loupe : un jeu d'enfant

Il n'est pas seulement simple, mais aussi écologiquement très utile de développer leurs habitats devenus rares. Étant donné qu'ils dévorent c'innombrables autres insectes et pollinisent les plantes à fleurs, les hyménoptères ont un rôle particulièrement important à jouer dans la nature.

Curiosité nature

À petits pas

Avec le grand nombre d'espèces que comptent les insectes, il convient de défir ir les thèmes de ses propres recherches. On peut par exemple, dans un premier temps, se limiter à l'examen d'un groupe déterminé, facile à appréhender, tel que les libellules ou les sauterelles.

Les abeilles sauvages utilisent volontiers les cavités des tiges de bambous comme nichoirs.

Logés et nourris à l'œil

Pour acclimater ces insectes utiles, il vous suffit de leur offrir de la nourriture ainsi que des nichoirs adaptés. Pour cela, semez le plus possible de différentes **plantes à fleurs indigènes** dans votre jardin. Le nectar et les fleurs servent de nourriture aux abeilles et aux guêpes, mais aussi de provisions pour les larves d'abeilles en combinaison avec le pollen. Étant donné que de nombreuses espèces d'insectes sont spécialisées sur des plantes très précises, il convient d'offrir un large éventail de différentes espèces de plantes.

Comme **nichoirs,** on peut proposer des rondelles de troncs percées de trous, des tronçons de tiges de bambous fagotés ainsi que des petites surfaces de sol sablonneuses ou graveleuses. Les parois argileuses abruptes (ou caisses en bois suspendues et garnies d'argile poreux) sont également volontiers colonisées.

Une peine récompensée

De tels nichoirs permettent des observations fascinantes. Les jours ensoleillés, vous verrez comment les guêpes fouisseuses enterrent dans le sable un insecte capturé et paralysé par une piqûre, ou comment les abeilles découpeuses disparaissent dans les trous du nichoir avec des morceaux de feuilles.

Décoratif et écologiquement utile : un nichoir à abeilles sauvages en bois dur.

Le plaisir de la collection

Les collections d'insectes restent utiles et même nécessaires de nos jours, car de nombreux insectes (surtout les diptères, les hyménoptères et de nombreux coléoptères) ne peuvent être déterminés de façon certaine que sous forme d'exemplaires préparés. En revanche, la collection dans un but purement esthétique, comparable à la collection de timbres ou de capsules de bière, n'est plus d'actualité; avec le **recul constant des espèces**, cela ne serait d'ailleurs plus défendable. Il existe aujourd'hui bien d'autres possibilités de se consacrer à cet intéressant groupe d'animaux sans que les individus en pâtissent, tout en satisfaisant l'amateur d'insectes.

Les libellules aussi laissent des traces, que l'on nomme exuvies.

À la recherche de traces

Les insectes laissent toutes sortes de traces. Il peut par exemple s'agir de **traces de nourrissage** sur des plantes, caractéristiques de certaines espèces. Lorsque ces traces se trouvent à l'intérieur d'une feuille, on parle de mines, dont les formes et les couleurs sont caractéristiques chez de nombreuses espèces. Ces feuilles minées peuvent être herborisées comme des plantes, en les pressant et en les collant sur des feuilles de papier.

On peut aussi collectionner les exuvies de libellules, c'est-à-dire les **enveloppes larvaires** qui subsistent après la dernière mue, et déterminer celles-ci jusqu'à l'espèce à l'aide d'une littérature spécialisée. Il est ainsi possible de démontrer quelle espèce s'est développée dans quelles eaux. Malheureusement, cela ne fonctionne pas pour les autres ordres d'insectes, chez qui les exuvies se ratatinent généralement après l'éclosion.

Capturé vivant

Emporter des insectes vivants sans leur tordre une patte? La photographie digitale s'en charge! Un petit appareil photo compact offre déjà une bonne qualité en mode macro et vous permet d'emporter un portrait de votre top-modèle animal.

Lors de vos safaris-photos, munissez-vous d'un récipient transparent, qui facilite parfois la photographie des animaux les plus agiles. Ceux qui

Une capture rapide et simple : un petit appareil pour de grandes satisfactions.

souhaitent immortaliser les insectes dans leur milieu naturel, voire dans des comportements intéressants tels que l'éclosion, la recherche de nourriture ou le vol de parade, ou encore photographier leurs minuscules œufs dans un format raisonnable, devront s'équiper plus sérieusement. Les appareils photo compacts modernes peuvent toujours convenir dans une certaine mesure, mais ils montreront leurs limites avec les très petites espèces, où seul un appareil photo reflex numérique muni d'accessoires tels qu'un objectif macro et un flash macro fournira des résultats vraiment convaincants.

Emprisonnés sur puce mémoire et disque dur, vous pouvez non seulement admirer ces insectes bariolés en toute saison, mais aussi les déterminer jusqu'à l'espèce en toute tranquillité. Sur les forums d'Internet, les entomologistes vous aideront volontiers ou confirmeront vos déterminations.

Mes propres archives photographiques

Des archives digitales rangées dans un classeur selon les chapitres de ce livre vous aideront à conserver une vue d'ensemble claire de vos photos. Au sein de ces groupes, vous pouvez créer d'autres catégories, qu'elles soient systématiques (selon les familles, genres et espèces) ou à votre gré (p. ex. les lieux d'observation, les plantes nourricières, etc.). Nommer les insectes de chaque photo représente certes beaucoup de travail, mais vous constaterez rapidement que cela aide considérablement à se rappeler des noms et à se faire une vue d'ensemble parmi l'abondance des insectes.

Podure aquatique
Podura aquatica · O. Collemboles

Bleu-noir mat; antennes courtes, à 4 articles; sous l'abdomen, une longue fourche (*furca*) servant d'organe de saut est repliée vers l'avant.
LC 1-1,5 mm; aptère. Présente presque toute l'année.
Habitat : à la surface des petites à minuscules eaux stagnantes ainsi que sur leurs rives; fréquente partout.
À savoir ! Les collemboles vivent en grands groupes à la surface du sol, parfois aussi (comme cette espèce) à la surface de l'eau. La P. aquatique peut effectuer des sauts de plusieurs cm en détendant brusquement sa furca vers le bas et l'arrière. Comme chez les autres Aptérygotes, la reproduction s'effectue sans accouplement. Le mâle dépose plusieurs spermatophores pédonculés au sol devant la femelle, qui les récupère dans son orifice génital. Les jeunes fraîchement sortis des œufs ressemblent beaucoup aux adultes, mais en plus petit.

Diploure
Campodea sp. · O. Diploures

Corps gracile, blanchâtre, avec au bout de l'abdomen 2 longs cerques ressemblant à des antennes.
LC 3-5 mm; aptère. Présent toute l'année.
Habitat : sur le sol forestier et le sol des milieux ouverts; assez fréquent partout.
À savoir ! Cet Aptérygote dépourvu d'yeux est très sensible au dessèchement, il se tient généralement caché dans les fentes du sol et sous les pierres enfoncées dans le sol. On ne le rencontre dans les couches superficielles du sol ou sous les pierres plates qu'après une longue période de temps humide et frais (surtout au début du printemps et à la fin de l'automne). Il se nourrit de restes de plantes et de filaments mycéliens, mais aussi de petits animaux morts. Pour la reproduction, le mâle, à la manière des collemboles, dépose un spermatophore muni d'une tige de seulement 0,1 mm de long devant la femelle (ou souvent même en l'absence de celle-ci).

Archéognathe
Lepismachilis y-notata · O. Archéognathes

Bout de l'abdomen portant 3 cerques; corps densément recouvert d'écailles brillantes aux couleurs métalliques.

gros plan

LC 8-10 mm; grands yeux, avec un dessin foncé en Y. Présent presque toute l'année.
Habitat : commun par régions dans les endroits pierreux et rocheux de montagne.

À savoir ! Ces Aptérygotes très vifs s'ébattent volontiers par bandes sur des rochers ou des éboulis au crépuscule. En cas de danger, ils se mettent en sécurité en faisant de brusques sauts pouvant atteindre un demi-mètre de longueur. Pour sauter, l'Archéognathe replie l'arrière du corps sur lui-même puis le détend brusquement. Lors de la reproduction, le mâle sécrète un fil sur lequel il dépose plusieurs gouttes de sperme, que la femelle récupère ensuite pour la fécondation.

Poisson d'argent
Lepisma saccharina · O. Zygentomes

Corps fuselé, revêtu d'écailles argentées brillantes; abdomen se terminant par 3 cerques écartés.
LC 8-11 mm. Présent toute l'année.
Habitat : presque uniquement dans les bâtiments, généralement dans les endroits humides; très fréquent partout.
À savoir ! Le Poisson d'argent fait certainement partie des nuisibles domestiques les plus connus, mais il ne cause en réalité guère de dégâts. Cet Aptérygote très peu exigeant se nourrit de toutes sortes de déchets et provisions, il lui arrive même de manger la colle d'amidon des papiers peints. Lors de la reproduction, le mâle tisse un petit toit de toile dans le coin d'une chambre, entre le sol et le mur, et dépose une goutte de sperme au-dessous. La femelle passe ensuite sous les fils, s'arrête au-dessus de la goutte et récupère le liquide séminal dans son orifice génital. Les œufs sont ensuite déposés dans des fentes du sol.

Podure aquatique

Diploure

2 cerques →

Archéognathe

cerques serrés

Poisson d'argent

3 cerques

Mouche de mai
Ephemera danica · O. Éphéméroptères

Bout de l'abdomen portant 3 longs cerques; ailes finement tachetées de foncé, la paire antérieure étant nettement plus grande que la postérieure.

ENV. 35-45 mm; corps tacheté de virgules

foncées sur les segments abdominaux postérieurs. PV mai-sept.

Habitat: très fréquente presque partout au bord des cours d'eau propres.

À savoir! Comme tous les éphémères, l'espèce passe par 2 stades ailés. À son éclosion, la larve (petite photo) donne naissance à un subimago déjà ailé (grande photo à gauche), ce dernier se transforme à son tour en imago (grande photo à droite). Tous deux ne s'alimentent plus. Le subimago se distingue facilement de l'imago par ses cerques plus courts et ses ailes opaques, un peu laiteuses. La mue vers l'imago s'effectue après 1-2 jours. Étant donné que les ailes de l'imago sont déjà entièrement développées à l'intérieur de celles du subimago, celles-ci n'ont plus besoin d'être étendues par l'injection d'hémolymphe comme lors de la dernière mue d'autres insectes.

Les mâles dansent souvent en petits essaims au-dessus de l'eau au crépuscule. Dès qu'une femelle s'approche de l'essaim, elle est attrapée par un mâle et le couple tombe au sol à proximité de l'eau. Peu après, la femelle retourne au-dessus de l'eau et trempe à plusieurs reprises brièvement le bout de l'abdomen dans l'eau, déposant ainsi ses œufs qui sont emportés par le courant.

La larve, aquatique et fouisseuse, possède un corps mince et cylindrique, et des pattes robustes et courtes. Elle creuse des galeries dans la vase du fond des cours d'eau et se nourrit de restes de plantes et d'autres substances organiques.

Éphémère à ailes bleues
Ephemerella ignita · O. Éphéméroptères

Corps jaunâtre à brun foncé, bout de l'abdomen muni de 3 longs cerques; ailes postérieures n'atteignant qu'environ 1/4 de la longueur des ailes antérieures.

ENV. 15-24 mm; les yeux sont peu visibles chez la ♀ (grande photo), chez le ♂ (petite photo à gauche), ils sont divisés en deux par un sillon oblique: la partie supérieure, rouge, porte de grosses facettes et la zone inférieure, jaunâtre, est pourvue de facettes beaucoup plus fines. PV mai-sept.

Habitat: au bord des eaux courantes, plus rarement des eaux dormantes; fréquent presque partout.

À savoir! La larve (petite photo à droite) est trapue. Elle porte sur le dessus de l'abdomen des branchies lamelliformes assez petites. Elle vit habituellement entre les plantes aquatiques ou sous les pierres, où elle se nourrit de matières végétales et d'autres substances organiques. La mue vers le subimago a généralement lieu le soir à la surface de l'eau, celle vers l'imago le matin suivant.

Les yeux étranges des mâles jouent sans doute un rôle important lors de l'accouplement. Celui-ci ayant principalement lieu dans la faible lumière du soir, les grosses facettes de la partie supérieure des yeux, pouvant capter plus de lumière, servent certainement à repérer les femelles de passage.

Après l'accouplement, un paquet d'œufs sphérique sort de l'orifice génital de la femelle et y reste collé pendant un certain temps (grande photo). On observe souvent ces femelles sur les fenêtres éclairées. La boule d'œufs est ensuite lâchée dans l'eau, où elle se désagrège.

Mouche de mai
subimago (à gauche) et imago (à droite)

Éphémère à ailes bleues
avec paquet d'œufs

Baetidé
Baetis sp. · O. Éphéméroptères

Imago avec seulement 2 cerques, ailes postérieures n'atteignant qu'environ 1/7 de la longueur des ailes antérieures ; ♂ avec yeux « en turban » (petite photo).

ENV. 10-20 mm. PV mars-nov. Plusieurs espèces très proches.
Habitat : au bord des eaux stagnantes et courantes ; l'espèce *Baetis rhodani* est très fréquente partout.
À savoir ! Comme chez l'Éphémère à ailes bleues (⇨ p. 20), les mâles possèdent des yeux divisés en deux parties, dont l'une est plus sensible à la lumière afin de mieux trouver les femelles à la nuit tombante. Cette partie supérieure ressemble à un cylindre élargi vers le haut, muni d'ommatidies toutes dirigées vers le haut. La larve (grande photo) est très élancée, avec de petites branchies en lamelles disposées sur les côtés de l'abdomen.

Mouche de mai jaune
Potamanthus luteus · O. Éphéméroptères

Imago (petite photo) jaune éclatant, avec des yeux verts et 3 longs cerques, qui se détachent très facilement.
ENV. 25-30 mm. PV juin-août.

Habitat : au bord des grandes rivières propres au courant pas trop rapide ; en fort recul partout.
À savoir ! La larve (grande photo) porte des branchies bifides longuement plumeuses sur les côtés de l'abdomen. Elle se tient habituellement sur le dessus ou le dessous des grandes pierres et se nourrit des algues qui les recouvrent. Grâce à ses branchies en forme de plume d'oiseau étalées horizontalement, elle augmente la surface de contact avec le fond et diminue ainsi le risque d'être emportée par le courant. §

Epeorus
Epeorus sylvicola · O. Éphéméroptères

Larve (photo) avec seulement 2 cerques, un corps très aplati et des branchies lamelliformes étalées à plat.
Imago (pas de photo) : ENV. 30-40 mm ; également avec seulement 2 cerques. PV juil.-août.
Habitat : dans les ruisseaux propres, à courant rapide, au fond pierreux ; uniquement en montagne ; peu fréquent.
À savoir ! Avec son corps bien adapté au courant, la larve peut courir librement sur les pierres sans être emportée par le courant. Contrairement à d'autres espèces apparentées, elle ne peut pas bouger ses branchies pour les oxygéner avec de l'eau fraîche, elle s'asphyxie donc dans les eaux trop lentes.

Proche Les larves du genre *Ecdyonurus* ont une morphologie très proche. Elles possèdent en revanche 3 cerques ainsi qu'un pronotum prolongé vers l'arrière sur les côtés.

Oligoneuriella
Oligoneuriella rhenana ·
O. Éphéméroptères

Larve (photo) en forme de torpille, dessus voûté, dessous plat ; minuscules branchies en lamelles sur les côtés de l'abdomen.
Imago (pas de photo) avec une envergure de 25-35 mm ; blanc jaunâtre, ailes troublées de blanchâtre, presque sans nervures transversales. PV juil.-sept.
Habitat : dans les rivières propres à courant rapide ; devenu rare partout.
À savoir ! La larve peut s'accrocher aux pierres à l'aide de ses pièces buccales et résister ainsi aux courants les plus vifs. Le subimago mue vers l'imago en vol, peu de minutes après son éclosion. L'insecte ne se débarrasse alors que de l'enveloppe du corps, les ailes restant coincées dans celles du subimago. Le même soir encore, après s'être accouplés en vol, les imagos retombent mourants sur l'eau, sans jamais s'être posés durant leur courte vie aérienne. §

Baetidé
larve

branchies
bifides et
plumeuses

Mouche de mai jaune
larve

2 cerques

Epeorus
larve

Oligoneuriella
larve

Perle marginée
Perla marginata · O. Plécoptères

Corps légèrement aplati, principalement gris foncé, terminé par 2 cerques presque aussi longs que les antennes.

ENV. 30-50 mm.
PV mai-août.

Habitat : au bord des ruisseaux propres et vifs, généralement pierreux; commune par endroits en région montagneuse, seulement jusqu'à une altitude d'environ 800 m dans les Alpes.

À savoir ! L'imago se tient souvent paresseusement dans la végétation des rives de son cours d'eau d'origine, p. ex. sur des feuilles de pétasites. Il s'envole parfois sur de courtes distances, surtout lorsqu'il est dérangé, mais se laisse plus souvent tomber et se cache au sol. La larve (petite photo) ressemble à l'imago, excepté les ailes, mais avec des taches claires plus marquées, des franges de longs poils sur les pattes et des touffes de branchies sur les segments thoraciques. Elle est prédatrice et se nourrit d'autres animaux aquatiques. Ses proies peuvent être presque aussi grandes qu'elle. §

Proche Les deux autres espèces de ce genre, *Perla maxima* (uniquement dans les Alpes) et *P. burmeisteriana*, remplacent *P. marginata* dans les cours d'eau d'altitude supérieure ou inférieure. *Dinocras cephalotes* (photo ci-dessous), qui vit souvent en compagnie de *P. marginata*, se reconnaît aux courtes ailes des mâles (photo).

Nemoura
Nemoura sp. · O. Plécoptères

Ailes avec nervures ramifiées en X peu avant l'apex, bout de l'abdomen avec seulement de minuscules ébauches de cerques.

ENV. 15-22 mm. Premier et troisième article des pattes de même longueur, deuxième plus court. PV mai-sept. Le genre renferme de nombreuses espèces difficiles à distinguer.

Habitat : principalement dans les cours d'eau propres, l'espèce la plus fréquente (*Nemoura cinerea*, larve sur la petite photo ci-dessus) également dans les mares.

À savoir ! Les œufs apparaissent au bout de l'abdomen de la femelle peu avant la ponte (grande photo). Ils sont ensuite lâchés dans l'eau. La larve présente des fourreaux alaires décollés en oblique et ne possède pas de touffes de branchies. Contrairement aux larves prédatrices de *Perla*, elle se nourrit de plantes.

Brachyptera
Brachyptera seticornis · O. Plécoptères

Ailes fumées, avec des bandes transversales plus foncées, légèrement enroulées en cigare au repos.

ENV. 15-30 mm; cerques courts, composés de 2 articles, au bout desquels on reconnaît encore les restes d'un 3e article. PV, selon l'altitude, plus tôt ou plus tard dans la période allant de mars-juil.

Habitat : dans le cours supérieur des ruisseaux de montagne très propres, à courant rapide et fond pierreux; assez fréquent par endroits en moyenne montagne et dans les contreforts des Alpes.

À savoir ! La larve, brun foncé, apparaît surtout durant le semestre d'hiver. Elle ressemble à une larve de *Nemoura*, mais est plus élancée et a des pattes plus longues. En outre, le second des trois articles des pattes est plus long que le premier (l'inverse chez *Nemoura*). Lorsqu'on la dérange, elle s'enroule à la manière d'un hérisson, si bien que les antennes dépassent vers l'arrière et les cerques vers l'avant.

2 cerques

Perle marginée

Nemoura

bandes foncées
sur les ailes

Brachyptera

Caloptéryx éclatant
Calopteryx splendens · F. Caloptérygidés

Corps du ♂ (grande photo) avec des reflets métalliques verts ou bleus; ailes avec une large bande transversale médiane bleu-noir à reflets verts ou bleus.

ENV. environ 60-70 mm; ♀ (petite photo) vert métallique un peu plus clair, en partie avec reflet cuivré, ailes légèrement teintées de verdâtre et sans bande transversale foncée. PV mai-sept.

Habitat : au bord des ruisseaux et rivières pas trop rapides et ensoleillés; généralement commun.

À savoir ! Les mâles du Caloptéryx éclatant possèdent leurs propres territoires sur les rives des cours d'eau, qu'ils défendent envers les autres mâles de leur espèce en écartant les ailes de façon menaçante et par des attaques aériennes. Leurs bandes alaires bien visibles jouent alors un rôle important comme signal. Lorsqu'en revanche une femelle apparaît, le mâle recourbe l'abdomen vers le haut et le dirige vers celle-ci. Une surface blanc lumineux devient alors visible sur la face ventrale des derniers segments abdominaux. Ce « feu arrière » blanc signale à la femelle qu'elle est bien en présence d'un mâle de la « bonne » espèce (voir aussi Caloptéryx vierge).

Après l'accouplement, le mâle indique à la femelle un lieu de ponte approprié en ouvrant et fermant ses ailes de façon particulière. Arrivée à cet endroit, la femelle se pose sur des tiges de plantes flottantes et y dépose ses œufs. Durant la ponte, elle plonge de temps à autre entièrement sous la surface de l'eau. Pendant ce temps, le mâle surveille la scène et en chasse les congénères dérangeants. Des individus neufs éclosent tout au long de la longue période de vol annuelle de cette espèce, mais chaque individu ne vit cependant que quelques semaines. §

Caloptéryx vierge
Calopteryx virgo · F. Caloptérygidés

Couleurs du ♂ (grande photo) semblables à l'espèce précédente, mais la bande alaire à reflets verts ou bleus remplit presque toute la surface de l'aile.

ENV. 60-70 mm; l'aile ne présente des surfaces translucides, troublées de brunâtre, que près de la base et de la pointe de l'aile; ♀ avec ailes teintées de brunâtre. PV mai-août.

Habitat : au bord des cours d'eau propres, généralement étroits, avec une végétation des rives naturelle; nettement plus rare presque partout que l'espèce sœur.

À savoir ! Alors que le C. vierge apparaît plutôt dans les secteurs ombragés des rives des ruisseaux rapides et étroits, le C. éclatant présente sa plus grande abondance dans les secteurs de rivières plus lents et très ensoleillés. Les deux espèces se montrent néanmoins souvent dans le même habitat. Afin d'éviter les accouplements avec l'autre espèce, le mâle du C. vierge possède un « feu arrière » nettement différent de celui du C. éclatant : le dessous de l'extrémité de son abdomen est rouge carmin éclatant.

La larve (petite photo) est très élancée et possède de longues pattes et d'assez longues antennes. Elle se tient généralement cachée dans des cavités des berges ou sous les touffes de plantes penchées dans l'eau. Elle trouve ses proies à l'aide de ses longues antennes, de préférence par mauvaises conditions lumineuses. Les larves des deux espèces de Caloptéryx indigènes se distinguent le plus facilement au moyen de leurs 3 branchies anales foliacées : celles-ci sont de même largeur et traversées d'une seule bande claire chez le C. vierge, alors que chez le C. éclatant, la feuille du milieu est plus large que les externes, et toutes les feuilles portent 2 bandes transversales. §

bande transversale
bleue

Caloptéryx éclatant

ailes entièrement bleues

Caloptéryx vierge

Leste fiancé
Lestes sponsa · F. Lestidés

De couleur verte ou cuivrée métallique, ♂ recouvert d'une pulvérulence bleu clair à la base et au bout de l'abdomen.

ENV. 40-50 mm. PV juin-oct.

Habitat : surtout au bord des eaux peu profondes, peuplées de joncs ; fréquent par régions.

À savoir ! Comme toutes les espèces du genre *Lestes*, le Leste fiancé tient ses ailes écartées en oblique au repos. Il se distingue en cela de tous les autres Zygoptères (demoiselles), dont font également partie les Caloptérygidés (⇨ p. 26) ainsi que les Platycnémididés et Coenagrionidés (⇨ p. 30), qui replient généralement leurs ailes à plat sur l'abdomen.

Lors de l'accouplement, le mâle saisit la femelle derrière la tête avec sa pince abdominale (grande photo à gauche), recourbe ensuite son abdomen vers le bas jusqu'à ce que l'orifice génital, situé à l'extrémité de l'abdomen, touche l'organe de copulation (pénis) placé quant à lui sous le second segment abdominal (petite photo à gauche). Cette posture permet de remplir le pénis de sperme. Après cela, la femelle recourbe à son tour l'abdomen jusqu'à ce que son extrémité touche l'organe reproducteur du mâle. Le tandem forme ainsi une figure typique appelée « cœur copulatoire » (grande photo à droite). Après l'accouplement, la femelle insère ses œufs dans la tige d'un jonc à l'aide de son ovipositeur. La larve (petite photo à droite) possède des branchies foliacées traversées de bandes foncées. Les fines nervures latérales bifurquent presque à angle droit de la nervure médiane. §

Leste vert
Lestes viridis · F. Lestidés

Coloration vert métallique à cuivrée, sans pulvérulence bleue, ptérostigma (cellule colorée) brun clair.

ENV. 50-55 mm. PV juil.-oct.

Habitat : surtout au bord des eaux artificielles telles que les étangs de pisciculture et les lacs de barrage ; fréquent presque partout.

À savoir ! Le Leste vert pond ses œufs dans les branches des arbres bordant les rives. Les couples se rassemblent souvent par troupes sur les branches d'aulnes ou de saules surplombant l'eau aux endroits favorables. Les femelles insèrent alors leurs œufs sous l'écorce, où se forment ensuite des renflements pairs, au milieu desquels on aperçoit l'endroit de la piqûre (petite photo). Les œufs hivernent. §

Leste brun
Sympecma fusca · F. Lestidés

Coloration des individus des deux sexes brune, avec un dessin noir en partie à reflets cuivrés.

ENV. 45-50 mm. PV juil.-mai

Habitat : au bord des étangs et des mares, surtout ceux présentant des rives peuplées de roseaux ; commun par endroits.

À savoir ! Comme la plupart des Zygoptères, mais contrairement aux autres espèces de sa famille, le Leste brun superpose ses ailes au repos. Outre une seconde espèce de son genre (le Leste enfant, *S. paedisca*, très semblable, mais beaucoup plus rare), c'est l'unique libellule indigène à passer l'hiver comme imago. Pour cela, il recherche des endroits abrités, souvent très éloignés de ses eaux d'origine, et s'y pose à proximité du sol. Selon les conditions météorologiques, il peut alors se laisser recouvrir de neige ou de givre (photo). Le Leste brun ne se reproduit qu'après l'hivernage, en mars ou avril. Les œufs sont pondus dans des végétaux flottants. §

Leste fiancé
lors de l'accouplement (à droite)

Leste vert
4 couples lors de la ponte

Leste brun
dans le givre

Agrion à larges pattes
Platycnemis pennipes · F. Platycnemididés

Tibias des pattes médianes et postérieures élargis et aplatis, surtout chez le ♂ (photo), avec des soies raides sur le bord.
ENV. 40-50 mm. PV mai-sept.
Habitat : généralement commun au bord des eaux stagnantes ou à courant lent.
À savoir ! Les tibias, élargis et pourvus de rangées de cils, rappelant un peu des plumes, servent de signal optique durant la parade nuptiale : les mâles volent devant les femelles posées en laissant pendre les pattes pour montrer leurs faces inférieures claires. §

Agrion porte-coupe
Enallagma cyathigerum · F. Coenagrionidés

Tache noire sur le 2e segment abdominal du ♂, faisant penser à une coupe ou à un champignon.
ENV. 40-45 mm. PV mai-sept.
Habitat : principalement au bord des grands plans d'eau ; fréquent presque partout.
À savoir ! Les mâles, bleu ciel, colonisent souvent les rives des lacs en très grand nombre. Ils se posent volontiers à plusieurs l'un au-dessus de l'autre sur des tiges de plantes, avec le corps dépassant à angle droit. On les reconnaît souvent de loin à cette position. §

Agrion jouvencelle
Coenagrion puella · F. Coenagrionidés

Le ♂, bleu ciel, porte un dessin en forme de fer à cheval sur le 2e segment abdominal ; la ♀ est vert-jaune et sans dessin bien visible.

ENV. 40-50 mm. PV mai-sept.
Habitat : l'une des libellules indigènes les plus fréquentes, vit au bord des petits plans d'eau.
À savoir ! Chez cette espèce également, les partenaires restent reliés en tandem durant la ponte. Les femelles, souvent à plusieurs côte à côte, se posent sur des parties de plantes flottantes et insèrent les œufs dans le tissu végétal à l'aide de leur oviposteur. Pendant ce temps, les mâles se tiennent au-dessus de leurs partenaires avec le corps dressé et les pattes collées au corps (grande photo), et observent les environs.
La larve (petite photo) est jaunâtre ou verdâtre, avec des branchies en lamelles sans dessins, relativement minces et généralement arrondies au bout. §

Petite nymphe au corps de feu
Pyrrhosoma nymphula · F. Coenagrionidés

Individus des deux sexes rouges avec des dessins noirs.
ENV. 40-50 mm. PV mai-août.
Habitat : au bord des petits plans d'eau riches en plantes, mais aussi des fossés et ruisseaux lents ; assez fréquente.
À savoir ! Cette espèce très typique a un comportement de ponte très variable. Le couple peut se poser l'un au-dessus de l'autre sur une tige dressée, l'un derrière l'autre sur des parties de plantes flottantes, à moins que le ♂ ne s'y tienne dressé au-dessus de sa partenaire posée. §

Agrion élégant
Ischnura elegans · F. Coenagrionidés

Individus des deux sexes généralement bleus, dessus de l'abdomen noir, excepté l'antépénultième segment qui est bleu éclatant.
ENV. 35-45 mm. PV mai-sept.
Habitat : fréquent partout surtout au bord des petits plans d'eau.
À savoir ! La femelle pond ses œufs toujours seule dans des parties de plantes flottantes. Pour ne pas être dérangée durant cette activité par des mâles à la recherche de partenaires, elle recherche des endroits cachés dans les roseaux, de préférence en début de soirée. §

Agrion à larges pattes

Agrion porte-coupe

Agrion jouvencelle
4 couples lors de la ponte

Petite nymphe au corps de feu

tache bleue

Agrion élégant

Aeschne bleue
Aeschna cyanea · F. Aeschnidés

♂ (grande photo) brun-noir, avec des taches en mosaïque vert clair, bleues sur les côtés et à l'extrémité de l'abdomen, ♀ (petite photo à gauche) sans bleu.

ENV. 90-100 mm; yeux typiques, très grands et contigus, comme chez presque tous les Anisoptères des familles présentées sur cette page et les suivantes. PV juin-nov.

Habitat : au bord des petits plans d'eau, souvent des étangs de jardin; partout l'une des libellules indigènes les plus fréquentes.

À savoir ! Le ♂ recherche avec beaucoup d'assiduité les ♀ sur les rives des plans d'eau, où elles se posent ensuite pour la ponte (petite photo à gauche). Il inspecte alors aussi sans crainte les humains qui pénètrent dans son territoire. Cela lui a valu une réputation d'insecte agressif et « piqueur », alors que les libellules sont bien incapables de piquer ou de blesser qui que ce soit de quelconque manière.

La larve (petite photo à droite) est brun clair à presque noire, avec des yeux dirigés en oblique vers l'avant. Elle se développe souvent en grand nombre dans les étangs de jardin. Comme chez toutes les larves de libellules, les pièces buccales comportent un labium modifié en masque, lequel est replié sous la tête au repos, mais peut être projeté en avant pour la capture de proies. Cet organe lui permet de capturer par exemple des têtards, des alevins, mais aussi d'innombrables larves de moustiques, qui représentent sa nourriture principale dans de nombreux plans d'eau. §

Anax empereur
Anax imperator · F. Aeschnidés

Thorax du ♂ (grande photo) presque uniformément vert, abdomen bleu avec bandes longitudinales noires.

L'une des plus grandes libellules indigènes avec son envergure de 90-105 mm; chez la ♀, l'abdomen est bleu-vert avec une bande brune. PV juin-août.

Habitat : au bord des plans d'eau petits ou moyens. avec une végétation dense; généralement commun.

À savoir ! Les mâles de cette grande et robuste espèce patrouillent inlassablement en tous sens au-dessus de leurs eaux d'origine et expulsent de leur territoire les libellules d'autres espèces. La larve (petite photo) a des yeux largement bombés, dirigés de côté. Contrairement à la plupart des autres espèces, les A. empereurs d'un plan d'eau éclosent tous presque simultanément. §

Aeschne printanière
Brachytron pratense · F. Aeschnidés

Corps un peu plus trapu que chez les autres Aeschnidés, et plus nettement poilu.
ENV. 70-80 mm. PV mai-juil.

Habitat : principalement le long des fossés, étangs et bras morts des vallées fluviales; assez rare.

À savoir ! Comme ceux des espèces apparentées, les mâles d'Aeschne printanière volent avec beaucoup d'endurance le long des rives et ne s'observent que rarement au repos. La larve (petite photo) a de petits yeux en forme de boutons. Elle se tient volontiers sur la face inférieure des plantes et des morceaux de bois flottant à la surface de l'eau. Si l'on sort ces objets de l'eau, la larve se colle étroitement à son support; ses couleurs et la forme de son corps la rendent alors très difficile à voir. §

taches vertes devant,
bleues derrière

Aeschne bleue

Anax empereur

Aeschne printanière
lors de l'accouplement

Gomphus très commun
Gomphus vulgatissimus · F. Gomphidés

♂ **avec bout de l'abdomen élargi en forme de coin, pattes entièrement noires.** ENV. 60-70 mm; yeux écartés, contrairement à ce que l'on observe d'habitude chez les Anisoptères. PV mai-juil.

Habitat : au bord des cours d'eau sablonneux ou pierreux, non pollués et pas trop turbulents, également au bord des lacs propres et graveleux; l'espèce a fortement reculé et a déjà entièrement disparu de certaines régions à cause de la pollution des eaux.

À savoir ! La larve (photo à droite) possède un corps très large et très aplati. À l'aide de ses puissantes pattes fouisseuses, elle s'enterre généralement entièrement dans le fond du cours d'eau pour y passer la journée. Elle quitte sa cachette de nuit pour parcourir le fond à la recherche de proies. §

Proche Le **Gomphus gentil** *(Gomphus pulchellus)* possède un abdomen plus mince et des pattes rayées de jaune, il vit dans les eaux stagnantes. §

Cordulégastre annelé
Cordulegaster boltonii · F. Cordulégastridés

Segments abdominaux médians portant chacun 2 bandes transversales jaunes. ENV. 85-95 mm. PV juin-août.

Habitat : au bord des cours d'eau propres et étroits, p. ex. ruisselets ; peu fréquent.

À savoir ! La larve (photo à droite) a un corps court et robuste, et des fourreaux alaires descendant en oblique le long des côtés de l'abdomen. Elle s'enterre presque entièrement dans le substrat, mais laisse dépasser la tête et les pattes antérieures à l'avant et l'extrémité de l'abdomen à l'arrière. Elle se rend ainsi presque invisible pour ses ennemis, mais peut encore amener de l'eau fraîche et oxygénée à ses branchies internes, situées dans une chambre respiratoire rectale, et en même temps repérer des proies, qu'elle capture alors en projetant son masque vers l'avant. §

Proche Le **C. bidenté** *(Cordulegaster bidentata)* ne porte qu'une bande transversale jaune sur chacun des segments abdominaux médians. §

Cordulie bronzée
Cordulia aenea · F. Corduliidés

Corps de couleur vert foncé métallique à cuivré, yeux vert émeraude lumineux; abdomen du ♂ élargi en massue dans la partie postérieure. ENV. 60-70 mm. PV mai-août.

Habitat : surtout au bord des étangs et mares riches en plantes, en particulier ceux présentant des roselières.

À savoir ! Comme chez les Aeschnidés, les mâles volent inlassablement en tous sens au-dessus de l'eau et ne se posent tout au plus que brièvement. Les œufs sont pondus en plein vol. La larve (photo à droite) est courte et large, avec de très longues pattes semblables à celles des araignées. §

Proche Chez le mâle de la **Cordulie métallique** *(Somatochlora metallica)*, l'abdomen est épaissi au milieu. Les pattes de la larve sont beaucoup plus courtes. §

abdomen élargi en forme de coin

Gomphus très commun
imago (à gauche) et larve (à droite)

Cordulégastre annelé

pattes très longues

Cordulie bronzée

Libellule à quatre taches
Libellula quadrimaculata · F. Libellulidés

♂ et ♀ bruns, avec 2 ptérostigmas brun-noir sur le bord antérieur de chaque aile.
ENV. 65-80 mm. PV mai-août.

Habitat : assez fréquente partout au bord des étangs et des mares, en particulier dans les zones marécageuses.

À savoir ! Après un bref accouplement de quelques secondes en vol, le mâle tournoie au-dessus de la femelle pendant que celle-ci lâche ses œufs dans l'eau en hochant l'abdomen. La larve est lourdaude, avec une large bande transversale brun-noir entre les yeux. §

Libellule déprimée
Libellula depressa · F. Libellulidés

Abdomen large, aplati, avec une pulvérulence bleue chez le ♂ (photo), brun avec des dessins marginaux jaunes en forme de demi-lunes chez la ♀.
ENV. 65-75 mm. PV mai-août.

Habitat : au bord des petits plans d'eau à végétation peu développée, même des flaques ; assez fréquente.

À savoir ! La L. déprimée fait souvent partie des premiers colonisateurs des étangs établis. Lorsque la génération suivante éclôt 2 ans plus tard, la végétation est généralement si développée que l'espèce quitte à nouveau l'étang. §

Sympétrum vulgaire
Sympetrum vulgatum · F. Libellulidés

Abdomen rouge vif chez le ♂ (grande photo à gauche), d'abord brunâtre puis souvent également rouge chez la ♀ (grande photo à droite).
ENV. 50-60 mm ; pattes rayées de jaune. PV juil.-nov.

Habitat : au bord des eaux stagnantes ; fréquent partout.

À savoir ! Comme tous les Sympétrums, le S. vulgaire dépose ses œufs par paires. Après l'accouplement, le ♂ ne lâche pas prise et vole en tandem avec sa partenaire en direction de la rive. La ♀ vole alors en hochant l'abdomen, lâchant

à chaque fois quelques œufs dans l'eau peu profonde. Le ♂, toujours attaché à la ♀, surveille les environs et peut emporter sa partenaire à toute vitesse en cas de danger.

Les larves (petite photo) éclosent au printemps suivant et produisent déjà la nouvelle génération de libellules en été. On les reconnaît aux épines latérales et dorsales pointues de l'abdomen. §

Sympétrum du Piémont
Sympetrum pedemontanum · F. Libellulidés

Ailes avec large bande noire, abdomen et ptérostigmas rouges chez le ♂ (photo), brunâtres chez la ♀.
ENV. 45-55 mm. PV juil.-oct.

Habitat : au bord des étangs, mares, fossés et cours d'eau lents, en basse montagne ; généralement assez rare et en régression ; absent de l'O. de la France.

À savoir ! En vol, les bandes alaires foncées produisent un scintillement particulier, qui efface les contours du corps de la libellule et complique ainsi sa poursuite par des prédateurs. §

Leucorrhine à gros thorax
Leucorrhinia pectoralis · F. Libellulidés

Front blanc, ♂ (photo) avec tache jaune sur le 7e segment abdominal.
ENV. 60-70 mm. PV mai-juil.

Habitat : au bord des petits plans d'eau riches en végétation situés en bordure de marécages ; assez rare.

À savoir ! Sa rareté provient sans doute du fait qu'elle a besoin d'eaux à fonds marécageux, peuplées de potamots et d'autres plantes à fleurs, mais qu'elle ne peut apparemment pas se développer dans les eaux très acides du milieu des tourbières. §

tache foncée
supplémentaire

Libellule à quatre taches

taches foncées
à la base
des ailes

Libellule déprimée

♂

Sympétrum vulgaire

♀

Sympétrum du Piémont

bande
foncée

tache
jaune

Leucorrhine à gros thorax

Blatte orientale
Blatta orientalis · O. Dictyoptères

Ailes brun-roux et un peu plus courtes que l'abdomen chez le ♂ (grande photo), noires et fortement raccourcies chez la ♀ (petite photo).

LC 19-25 mm. Présente toute l'année.

Habitat : uniquement dans les bâtiments ; fréquente partout autrefois, mais devenue rare en raison des mesures de lutte et de l'amélioration des conditions d'hygiène ; de nos jours encore présente surtout dans les vieux bâtiments, en particulier les restaurants et les boulangeries.

À savoir ! La Blatte orientale, lucifuge, ne se montre qu'au crépuscule. Elle se nourrit de déchets de cuisine et de provisions, et peut alors transmettre des maladies. Les œufs sont pondus par groupes d'environ 15 dans une oothèque brune et solide portée par la femelle au bout de son abdomen et déposée peu avant l'éclosion des larves.

Blatte germanique
Blattella germanica · O. Dictyoptères

Jaunâtre ou brun clair, ailes dépassant le bout de l'abdomen chez les individus des deux sexes.

LC 11-13 mm. Présente toute l'année.

Habitat : uniquement dans les bâtiments ; beaucoup plus rare aujourd'hui qu'autrefois, mais encore fréquente par endroits, surtout dans les quartiers anciens ; apparaît davantage dans les logements que la B. orientale.

À savoir ! Cette espèce très agile et nocturne est difficile à capturer, car elle disparaît dans les fentes à la vitesse de l'éclair lorsqu'on la surprend hors de sa cachette. Il est de ce fait

extrêmement difficile de lutter contre la B. germanique sans devoir recourir aux insecticides. La femelle (petite photo) pond jusqu'à 50 œufs dans chaque oothèque, soit nettement plus que la B. orientale.

Blatte lapone
Ectobius lapponicus · O. Dictyoptères

Pronotum noir à bord plus clair indistinctement délimité chez le ♂ (individu du haut sur la photo), brun clair chez la ♀ (individu du bas).

LC 7-11 mm ; ailes de la ♀ légèrement raccourcies. Mai-sept.

Habitat : dans les buissons ou au sol en bordure de forêts ou de chemins, assez fréquent partout ; également dans les jardins.

À savoir ! Chez nous, cette petite espèce de blatte n'apparaît que dans la nature. Elle pénètre parfois par mégarde dans les bâtiments, mais ne peut s'y maintenir.

Proche Chez la **Blatte sylvestre** (*Ectobius sylvestris*), les individus des deux sexes ont un pronotum nettement bordé de blanc. Les ailes de la femelle (photo) sont fortement raccourcies.

Forficule
Forficula auricularia · O. Dermaptères

Abdomen se terminant par deux longs cerques non articulés en forme de pince, fortement arqués et dentelés à l'intérieur chez le ♂ (grande photo).

Cerques de la ♀ (petite photo) presque droits. Présent toute l'année.

Habitat : fréquent partout, en particulier dans les milieux ouverts et dans les zones urbaines.

À savoir ! Les ailes postérieures membraneuses sont cachées sous les élytres. Elles sont repliées plusieurs fois en éventail, tant dans le sens longitudinal que transversal, et dépassent des élytres sous forme de pointes. Les cerques servent à les déployer, mais le Forficule n'est en fait guère capable de voler. Au printemps, la femelle dépose ses œufs dans une cavité sous terre et les surveille jusqu'à l'éclosion des larves.

ailes
raccourcies

Blatte orientale ou Cafard

Blatte germanique

Blatte lapone
lors de l'accouplement

Forficule ou Perce-Oreille

Mante religieuse
Mantis religiosa · O. Dictyoptères

Verte ou brune, rarement jaune ; prothorax très allongé, pattes antérieures transformées en pattes ravisseuses munies d'épines acérées, se repliant comme un couteau de poche.
LC 45-75 mm. Juil.-nov.
Habitat : en Eur. moy., uniquement dans les endroits chauds, bénéficiant d'un climat doux, p. ex. vallée du Rhin supérieur, vallée de la Saar, Tyrol du Sud et Sud de la Suisse ; rare, mais en extension par endroits ces derniers temps.
À savoir ! En général, la M. religieuse guette ses proies en se tenant presque immobile, avec les pattes antérieures relevées en position de prière. La plupart du temps, elle est en outre parfaitement camouflée par sa couleur. Après une approche au ralenti, elle capture différents insectes tels que diptères et sauterelles en les saisissant à la vitesse de l'éclair avec ses pattes ravisseuses, qui servent aussi à amener la nourriture vers les pièces buccales broyeuses (petite photo en haut).

Seul le mâle est capable de voler. Pour l'accouplement, il s'approche discrètement de la femelle par l'arrière puis saute brusquement sur son dos. Si elle est prête à l'accouplement, elle reste passive et laisse le mâle accomplir un acte qui dure parfois plusieurs heures. Elle sort cependant de sa léthargie immédiatement après et considère à présent son époux comme une proie bienvenue… si celui-ci ne s'est pas enfui entre-temps. Après quelques jours, la femelle dépose ses œufs, enrobés d'une sécrétion mousseuse se solidifiant (petite photo en bas), sur une pierre ou une branche. §

Termite lucifuge
Reticulitermes lucifugus · O. Isoptères

Ouvriers blanchâtres, longs de 2-3 mm ; soldats longs de 3-5 mm, également blanchâtres, avec une tête brun-jaune élargie et des mandibules noires en forme de pince.
Reproducteurs longs de 6-9 mm, brun foncé, avec de longues ailes étroites au moment de l'essaimage. Individus adultes apparaissant toute l'année.
Habitat : largement répandu et fréquent par endroits dans la région méditerranéenne.
À savoir ! Les T. lucifuges vivent en grandes colonies sous des pierres cachées sous terre ou dans des arbres morts. Ils se nourrissent de bois, qu'ils sont capables de digérer grâce aux organismes unicellulaires particuliers présents dans leur intestin. La grande majorité de la colonie se compose de larves ne devenant jamais adultes, les ouvriers, qui ont à s'occuper de tout ce qui concerne la construction et l'entretien du nid. Certains d'entre eux se développent en soldats à grosse tête,

dont le rôle est de défendre la colonie. Au printemps, d'autres larves se développent en reproducteurs, qui essaiment à l'occasion d'un vol nuptial. Lorsqu'un couple s'est trouvé, les partenaires se débarrassent de leurs ailes, se retirent dans un refuge, s'accouplent et fondent une nouvelle colonie dont ils deviennent le roi et la reine.

Proche Chez le **Termite à cou jaune** (*Kalotermes flavicollis*), un peu plus grand, les reproducteurs ont un pronotum jaune et atteignent 11 mm de longueur. Les soldats sont un peu plus foncés que chez le T. lucifuge et possèdent des mandibules dentées.

pattes
ravisseuses

Mante religieuse

Termite lucifuge
ouvriers blanchâtres et reproducteurs ailés

Grande sauterelle verte
Tettigonia viridissima · F. Tettigoniidés

Verte, souvent brune sur le dos; ailes dépassant largement les genoux postérieurs, ovipositeur de la ♀ atteignant approximativement le bout des ailes.
LC 28-42 mm. Juil.-oct.

Habitat: fréquente partout au bord des chemins, sur les prés secs et dans les zones urbaines.

À savoir! Avec sa couleur verte, cette grande espèce n'est pas facile à découvrir dans la végétation. Elle se nourrit principalement de chenilles et d'autres insectes, également de larves de Doryphores, mais guère de plantes, si bien qu'elle se révèle tout à fait utile.

Le mâle fait entendre son chant caractéristique depuis les environs de midi jusque tard dans la nuit. Il se tient alors généralement tête en bas sur une plante légèrement surélevée et frotte les deux ailes antérieures l'une contre l'autre. Le son est produit par le frottement d'une nervure stridulatoire rainurée située sur la face inférieure de l'aile du dessus contre une arête stridulatoire saillante située sur l'aile du dessous. Une membrane arrondie sur les ailes fait office d'amplificateur. La stridulation à haute fréquence se compose d'un bourdonnement paraissant haché en raison d'une courte pause toutes les 2 salves sonores

À l'aide de son long ovipositeur, la femelle enfonce les œufs dans le sol, où ils hivernent en général deux ans avant que les larves n'éclosent.

Proche Chez la **Sauterelle cymbalière** (*Tettigonia cantans*), un peu plus petite, les ailes n'atteignent que les genoux postérieurs; elles sont largement dépassées par l'ovipositeur chez les femelles (photo). Cette espèce vit plutôt sur les prairies humides et en montagne. Elle émet une stridulation régulière, très aiguë.

Dectique verrucivore
Decticus verrucivorus · F. Tettigoniidés

Brun ou vert, parfois presque noir, généralement avec des taches claires et foncées sur les ailes; corps lourdaud, ailes dépassant à peine le bout de l'abdomen.
LC 24-44 mm. Juin-oct.

Habitat: principalement dans les milieux secs recouverts d'herbe basse; plus fréquent en montagne qu'en plaine.

À savoir! Le nom de verrucivore provient d'une ancienne croyance populaire, selon laquelle la morsure de cette sauterelle permettrait de combattre les verrues grâce aux sucs gastriques qui imprègnent l'endroit de la morsure. Le Dectique verrucivore vit au sol et dépend par conséquent des surfaces ouvertes.

Par beau temps, on repère facilement le dectique verrucivore grâce à son chant puissant. Celui-ci se compose de salves de sons à haute fréquence nettement séparées les unes des autres, qui sont d'abord émises de façon hésitante, puis en une succession de plus en plus rapide. On pourrait le comparer à un vieux moteur de tracteur se mettant peu à peu en marche. Lorsqu'une femelle est attirée par le chant, elle monte sur le mâle pour l'accouplement. Celui-ci se renverse alors et se cramponne à l'ovipositeur femelle avec ses pattes antérieures. Il colle ensuite un spermatophore, composé d'une enveloppe gélatineuse contenant le sperme, contre l'orifice génital de la femelle. §

Proche Le très rare **Dectique des brandes** (*Gampsocleis glabra*), presque éteint en Eur. moy., ressemble à un Dectique verrucivore en plus petit. Il peut lui aussi être vert ou brun, mais est un peu plus élancé. On le trouve surtout dans la moitié Sud de la France. §

très longues ailes

Grande sauterelle verte

ailes géné-
ralement
tachetées

Dectique verrucivore

Decticelle bariolée
Metrioptera roeseli · F. Tettigoniidés

Verte ou brune, bande marginale claire se détachant nettement sur les côtés du pronotum ; ailes atteignant approximativement le milieu de l'abdomen.
LC 14-18 mm. Juil.-oct.
Habitat : sur les prairies sèches ou humides ainsi que sur les surfaces régulièrement engraissées ; fréquente partout.
À savoir ! La Decticelle bariolée fait partie des Ensifères (Orthoptères à longues antennes comprenant les sauterelles, grillons et courtilières) indigènes les moins exigeantes. Elle semble même se plaire sur les prairies à pissenlits engraissées au purin, que presque toutes les autres sauterelles évitent.
Son chant se compose d'un bourdonnement doux et régulier, à haute fréquence, qui est émis sur une longue durée. En été, on l'entend dans presque toutes les prairies. Lors de proliférations importantes, on voit également apparaître des individus aux ailes entièrement développées, dépassant largement l'abdomen.

Decticelle cendrée
Pholidoptera griseoaptera · F. Tettigoniidés.

Grise ou brune, ventre jaune ; ailes du ♂ (photo) à peu près de la longueur du pronotum, minuscules chez la ♀.
LC 13-18 mm. Juil.-oct.
Habitat : dans les lisières forestières et les buissons ; l'une des plus fréquente, répandue presque partout.
À savoir ! La Decticelle cendrée se tient de préférence dans les buissons, à proximité du sol. Comme la plupart des Ensifères, elle vit en partie de nourriture animale, en partie de nourriture végétale. Le mâle émet de brèves stridulations très aiguës, que l'on entend jusque tard dans la nuit, même par temps couvert et encore après les premières gelées. Par températures basses, le mouvement des ailes ralentit ; on peut alors constater que les sons supposés uniques se composent à chaque fois de 3 impulsions sonores individuelles. À l'aide de son oviposteur, la femelle enfonce les œufs dans le sol ou dans des tiges de plantes.

Méconème tambourinaire
Meconema thalassinum · F. Tettigoniidés

Vert clair, ailes ne dépassant que peu le bout de l'abdomen ; ♀ (photo) avec long oviposteur en forme de sabre.
LC 12-15 mm. Juil.-nov.
Habitat : dans les forêts de feuillus, en particulier les chênaies, régulièrement aussi dans les jardins et les parcs ; assez fréquent partout.
À savoir ! Cette espèce nocturne passe généralement la journée cachée sous des feuilles de chêne. Elle se nourrit exclusivement d'autres insectes, par exemple de chenilles et de pucerons. Elle est fortement attirée par la lumière et se montre régulièrement aux fenêtres éclairées.
Le M. tambourinaire produit ses sons de façon originale, car il ne possède pas d'organe stridulatoire. Pour ce faire, le mâle se pose sur une feuille lorsque l'obscurité est totale et produit quelques brefs roulements de tambour avec l'une de ses pattes postérieures. Le dernier de ces roulements est à chaque fois un peu plus long, si bien que la succession de sons qui en résulte ressemble à peu près à « trrr-trrr-trrr-trrr-trrrrrrrrr ». La feuille sert de table d'harmonie et fait que le tambourinage peut s'entendre à plusieurs mètres de distance. Comme chez tous les Ensifères, le tympan se trouve sur les tibias antérieurs, peu au-dessous des genoux. On le reconnaît bien ici comme orifice ovale, alors que chez beaucoup d'autres espèces il est pratiquement fermé à l'exception d'une fente étroite.

Proche Avec ses minuscules moignons d'ailes, le **Méconème fragile** *(Meconema meridionale)* ressemble plutôt à une larve. Cette espèce du Sud est actuellement en expansion dans certaines régions du Nord des Alpes.

bord clair

Decticelle bariolée

ailes très courtes

Decticelle cendrée

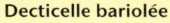

ailes dépassant très peu l'abdomen

Méconème tambourinaire

Grillon champêtre
Gryllus campestris · F. Grillidés

Trapu avec une grosse tête, noir brillant avec la base des ailes marquée de jaune; ♀ avec ovipositeur long, fin et assez droit. LC 20-26 mm. Mai-juil.
Habitat : dans les endroits secs et ensoleillés, p. ex. sur les prairies maigres et les prés secs; jadis commun dans toute la France, le Grillon Champêtre a régressé dans la partie nord du pays suite à le destruction de ses biotopes; en Suisse, il est répandu de la plaine jusqu'en montagne.
À savoir ! Les Grillons champêtres vivent dans des galeries obliques mesurant env. 20 cm qu'ils creusent eux-mêmes. À l'entrée du conduit, qui a l'épaisseur d'un doigt, les grillons dégagent une petite « arène » en rongeant la végétation tout autour. De là, les mâles font entendre leur chant assez harmonieux et fort. Pour cela, ils relèvent un peu les deux ailes antérieures (comme sur la photo) et les frottent l'une contre l'autre. En cas d'alerte, ils se réfugient dans leur terrier, mais se laissent facilement déloger si on les chatouille avec un brin d'herbe. Chaque mâle défend son territoire envers les autres mâles de son espèce et leur livre souvent des combats acharnés. Mais lorsqu'une femelle apparaît, il lui tend l'extrémité de son abdomen et passe à un chant nuptial beaucoup plus doux, jusqu'à ce que la partenaire se décide à lui monter dessus (petite photo). Le mâle colle ensuite un petit spermatophore brunâtre à l'orifice génital femelle, puis le couple se sépare à nouveau. Il arrive cependant souvent que la femelle partage le logement du mâle pendant plusieurs jours après l'accouplement, d'autres accouplements peuvent alors avoir lieu. La  femelle pond généralement ses œufs dans la galerie creusée dans le sol. Les larves, noires, hivernent dans un terrier sous terre. **§**

Grillon domestique
Acheta domesticus · F. Grillidés

Plus élancé que le Grillon champêtre, brun clair avec des taches plus foncées sur la tête et le pronotum. LC 16-20 mm. Présent toute l'année.
Habitat : en Eur. moy., presque uniquement dans les bâtiments, en particulier dans les endroits chauds (p. ex. boulangeries et restaurants), en été également dans les décharges et d'autres endroits de ce genre; commun dans la plupart des régions, mais devenu beaucoup plus rare qu'autrefois en raison de l'amélioration des conditions d'hygiène.
À savoir ! Bien que les G. domestiques possèdent des ailes entièrement développées, ils n'en font que très rarement usage; en cas de danger, ils préfèrent fuir en courant ou en sautant. Leur chant ressemble beaucoup à celui du G. champêtre, mais est un peu plus faible. Dans leurs habitats chauds, ils peuvent se reproduire toute l'année, si bien que l'on trouve des individus de tous les stades de développement à toutes les saisons.

Courtilière commune
Gryllotalpa gryllotalpa · F. Gryllotalpidés

Pattes antérieures transformées en robustes pelles. LC 35-50 mm. Présente toute l'année.
Habitat : de préférence dans les endroits humides au sol argileux à sablonneux ou tourbeux, p. ex. jardins, marais ou carrière d'argile; distribuée de façon très dispersée.
À savoir ! La Courtilière n'as pas la faculté de sauter; elle vit juste sous la surface du sol, dans des galeries du diamètre d'un doigt. Elle s'y nourrit de vers et de larves d'insectes, mais coupe aussi souvent des racines de plantes en creusant son chemin, ce qui provoque la mort de plantes utiles. Durant la période de reproduction (mai-juin), les mâles émettent une stridulation continue et régulière, surtout au crépuscule. Au début de l'été, les femelles, qui ne possèdent pas un long sabre comme les sauterelles, surveillent leur ponte dans un terrier (photo). Le développement des larves n'est achevé qu'après environ 2 ans, les courtilières adultes vivent ensuite encore un an.

Grillon champêtre
mâle en train de striduler devant l'entrée de son terrier

Grillon domestique

Courtilière commune
surveillant sa ponte

Caloptène italien
Calliptamus italicus · F. Catantopidés

Gris ou brun avec taches plus foncées et souvent une ligne longitudinale claire sur le pronotum et les ailes antérieures, ailes postérieures roses.

LC 15-34 mm; ♂ (grande photo) avec longs cerques arqués en pince. Juil.-oct.
Habitat: dans les endroits secs et chauds présentant une végétation très clairsemée; fréquent presque partout en Europe du Sud.
À savoir! Le C. italien est très bien camouflé au sol par ses couleurs. Ses tibias postérieurs rouge éclatant et ses ailes postérieures teintées de rose ne deviennent visibles que lorsqu'il bouge, p. ex. pour prendre la fuite.

Comme chez tous les Catantopidés, les mâles émettent avec leurs mandibules de faibles stridulations, audibles à environ 50 cm de distance, surtout en cas de rencontre avec des congénères. L'espèce était autrefois commune dans toute l'Europe, où elle a même causé des dégâts aux cultures. De nos jours, elle est devenue rare dans la partie septentrionale, mais reste fréquente dans les contrées méridionales. **§**

Miramelle alpestre
Miramella alpina · F. Catantopidés

Vert éclatant avec dessins noirs, fémurs postérieurs rouges dessous.

LC 16-31 mm; ailes en général fortement raccourcies; tout le corps est recouvert de fins poils dressés. Juil.-sept.
Habitat: sur les prairies de montagne et dans les clairières.
À savoir! Ce beau criquet se rencontre souvent en colonies sur les feuilles des pétasites poussant au bord des ruisseaux de montagne, à environ 1000 m d'altitude. À une altitude plus élevée (jusqu'à 3000 m), la Miramelle alpestre apparaît aussi dans des endroits nettement plus secs, présentant une végétation clairsemée.

Proche La **Miramelle des moraines** *(Podisma pedestris)*, aux ailes également réduites, est brunâtre avec un dessin assez bariolé. Elle habite les terrains secs et pierreux des Alpes et de certaines moyennes montagnes. **§**

Tétrix riverain
Tetrix subulata · F. Tetrigidés

Pronotum prolongé vers l'arrière en épine dépassant nettement le bout de l'abdomen.

LC 7-12 mm; coloration très variable, grise, brune ou noire, avec les dessins les plus divers. Présent toute l'année.
Habitat: principalement dans les endroits humides proches de l'eau, assez fréquent presque partout.
À savoir! Chez cette espèce, comme chez tous les Tétrigidés, les ailes antérieures sont réduites à de minuscules écailles ovoïdes. Les ailes postérieures sont en revanche entièrement développées et dépassent légèrement l'apex du pronotum. Elles permettent au T. riverain de très bien voler. La nourriture se compose de graminées, mousses et lichens.

Proche Chez le **Tétrix forestier** *(Tetrix undulata)*, l'épine est plus arquée et ne dépasse guère le bout de l'abdomen. Vit au N. des Alpes.

tibias
postérieurs
rouges

Caloptène italien

moignons d'ailes

fémurs postérieurs
rouges dessous

Miramelle alpestre

longues ailes
postérieures

Tétrix riverain

Criquet migrateur
Locusta migratoria · F. Acrididés

Vert ou (rarement) brun, ailes avec taches foncées en damier ; tibias postérieurs rouges ; pronotum avec carène dorsale acérée, bombée.
LC 32-54 mm. Juin-avril.
Habitat : surtout dans les régions humides et sablonneuses, mais aussi sur des terrains très secs et pierreux ; largement répandu et généralement fréquent dans la région méditerranéenne.
À savoir ! Durant les siècles passés, ce criquet particulièrement grand et craintif tendait certaines années à des proliférations massives dans ses habitats méditerranéens. Sous l'influence des conditions stressantes qui y sont liées, les individus développent

une forme particulière se distinguant des individus normaux par une carène aplatie et une couleur brun pâle (petite photo). Cette phase, appelée grégaire, s'organise en essaims migrateurs, qui par le passé progressaient jusqu'en Eur. moy., notamment jusque dans la plaine du Nord de l'Allemagne, et laissaient par endroits des traces de dévastation dans la végétation.

Les larves éclosant des œufs des individus migrateurs se développaient alors en criquets normaux et sédentaires de la phase solitaire, et pouvaient même se reproduire chez nous par conditions favorables. La plupart du temps, ces populations s'éteignaient cependant après quelques années. Avec la modification des méthodes d'exploitation agricole dans la région méditerranéenne, les proliférations massives ont cessé depuis plus de 100 ans, si bien que l'espèce ne progressera vraisemblablement plus jusqu'en Europe moyenne dans le futur.

Œdipode turquoise
Oedipoda caerulescens · F. Acrididés

Ailes antérieures avec bandes transversales foncées, ailes postérieures bleu clair avec bande brun foncé.

longueur du corps 15-25 mm

Couleur de fond grise, brune ou rougeâtre, parfois presque blanche. Juil.-oct.
Habitat : dans les endroits chauds sur sol sablonneux ou pierreux ; fréquent en Eur. du S.
À savoir ! L'Œdipode turquoise est capable d'adapter sa couleur au support au cours de son développement, si bien qu'il est souvent difficile à découvrir dans son environnement naturel. On trouve ainsi des individus presque noirs sur les anciennes surfaces brûlées, alors que ceux des rochers calcaires sont souvent blanchâtres. Les O. turquoises ne se dévoilent que lorsqu'on les effraye : en sautant pour s'échapper, ils montrent leurs ailes postérieures colorées. §

Criquet ensanglanté
Stethophyma grossum · F. Acrididés

Couleur de fond vert olive à brunâtre avec des dessins noirs, jaunes et rouges. ♀ (photo) souvent plus ou moins fortement lavée de rouge vineux.
LC 12-39 mm. Juil.-oct.
Habitat : sur les prairies marécageuses et dans les marais ; strictement lié aux milieux humides, il est devenu rare en maints endroits en raison du recul des zones humides.
À savoir ! Là où elle existe encore, cette belle espèce spectaculaire apparaît souvent en assez grand nombre. Les mâles ont une méthode particulière pour produire des sons : ils jettent leurs tibias postérieurs vers l'arrière par saccades (comme un cheval qui rue), tout en frottant les épines du bout du tibia contre les ailes. Cela produit des cliquetis caractéristiques, que l'on entend souvent à la fin de l'été sur les prairies marécageuses. Les œufs, enrobés d'une sécrétion mousseuse durcissant avec le temps, sont déposés par la femelle à la base des plantes. §

Criquet migrateur

taches alaires foncées

Œdipode turquoise

bande jaune

Criquet ensanglanté

Gomphocère roux
Gomphocerippus rufus · F. Acrididés

Antennes avec apex blancs élargis en lancette, presque aussi longues que le corps chez le ♂ (photo).
LC 11-17 mm. Juil.-nov.
Habitat : au bord des forêts et des chemins ; assez fréquent, plus rare au N.
À savoir ! Le chant du mâle se compose de strophes d'une durée de 3-5 secondes. Il les produit en passant rapidement ses pattes postérieures sur les ailes de haut en bas et de bas en haut. Une carène dentée située à l'intérieur du fémur vient alors frotter contre une nervure alaire saillante.

Criquet de la palène
Stenobothrus lineatus · F. Acrididés

Ailes de la ♀ (photo) généralement rayées de blanc ; ♂ et ♀ avec tache alaire en forme de virgule, composée de nervures blanches.
LC 15-26 mm ; couleur de fond généralement verte, bout du corps rouge chez le ♂. Juil.-oct.
Habitat : généralement commun sur les surfaces herbeuses sèches.
À savoir ! Pour produire des sons, le mâle bouge ses pattes de bas en haut de façon déphasée. Il émet ainsi un chant allant régulièrement crescendo et decrescendo, faisant penser au hurlement d'une sirène.

Criquet mélodieux
Chorthippus biguttulus · F. Acrididés

Généralement gris ou brun, carènes latérales du pronotum formant un angle.
LC 13-22 mm. Juil.-nov.
Habitat : dans les milieux secs.
À savoir ! L'espèce ne se distingue guère des espèces apparentées, mais chante différemment. Le ♂ émet des strophes retentissantes longues de 2-3 secondes, passant de salves de sons nettement séparées à une stridulation continue, alors que p. ex. le **Criquet duettiste** *(Chorthippus brunneus)*, plus élancé, n'émet que des sons individuels très brefs.

Criquet des genévriers
Chrysochraon brachyptera · F. Acrididés

♀ (photo) avec moignons d'ailes roses, ♂ avec ailes vertes atteignant à peu près le milieu de l'abdomen.
LC 13-26 mm. Juin-sept.
Habitat : dans les milieux herbeux humides ou secs, surtout en montagne où il se concentre sur les genévriers.
À savoir ! Le chant se compose de stridulations très faibles et brèves. Lors de la ponte, la femelle replie des feuilles à l'aide de ses pattes postérieures et dépose à chaque fois 5 ou 6 œufs enrobés d'une sécrétion mousseuse dans la fente qui subsiste.

Criquet noir-ébène
Omocestus ventralis · F. Acrididés

♂ (photo) généralement noir avec dos plus clair et bout de l'abdomen rouge sang, ♀ généralement verte sur le dos.
LC 12-21 mm ; chez les individus des deux sexes, ventre passant, d'avant en arrière, du vert-jaune au jaune et au rouge éclatant, à la manière d'un arc-en-ciel. Juil.-nov.
Habitat : dans les milieux secs à végétation clairsemée, pelouses rocailleuses, végétation rase, friches.
À savoir ! Le chant, composé de stridulations d'une durée d'environ 5 secondes, fait penser à un réveille-matin tictaquant rapidement.

Criquet des pâtures
Chorthippus parallelus · F. Acrididés

Ailes se terminant avant le milieu de l'abdomen chez la ♀ (photo), atteignant presque le bout de l'abdomen chez le ♂.
LC 13-23 mm ; couleurs et dessins très variables, des individus bariolés et unicolores, gris, bruns ou verts apparaissent souvent ensemble ; carènes latérales du pronotum divergeant un peu vers l'arrière. Juin-nov.
Habitat : fréquent dans les milieux ouverts modérément secs à modérément humides.
À savoir ! Le ♂ émet des strophes longues d'une seconde, composées de sons individuels raclants.

antenne en massue

Gomphocère roux

moignons d'ailes
généralement roses

Criquet des genévriers

tache
blanche

Criquet de la palène

Criquet noir-ébène

Criquet mélodieux

ailes
courtes

Criquet des pâtures

Nèpe
Nepa rubra · F. Népidés

Pattes antérieures ravisseuses se repliant comme un couteau de poche, bout du corps avec tube respiratoire (siphon).
LC 17-22 mm. Présente toute l'année.
Habitat : fréquente presque partout dans les eaux stagnantes ou coulant lentement.
À savoir ! La Nèpe se tient généralement en eau peu profonde, près des rives, avec son siphon tendu vers la surface. À l'aide de ses pattes ravisseuses, elle capture divers autres animaux aquatiques, qu'elle vide de leur substance avec son rostre. Les œufs portent 6-8 filaments respiratoires.

Ranâtre linéaire
Ranatra linearis · F. Népidés

Très mince et allongée, pattes antérieures ravisseuses, bout du corps avec tube respiratoire (siphon).
LC 30-40 mm. Août-juin.
Habitat : dans les eaux stagnantes riches en végétation ; généralement commune.
À savoir ! Dès qu'on la sort de l'eau, la R. linéaire adopte généralement une position d'intimidation figée, avec les pattes tendues et écartées. Les œufs, munis de 2 longs appendices respiratoires filiformes, sont déposés dans des parties de plantes flottant à la surface de l'eau.

Notonecte
Notonecta glauca · F. Notonectidés

Pattes postérieures transformées en pattes natatoires ; nage toujours sur le dos.
LC 15-16 mm. Juil.-mai.
Habitat : dans les eaux stagnantes de toute sorte ; fréquente partout.
À savoir ! La Notonecte emmagasine des réserves d'air dans 2 rainures ventrales. Cette bulle d'air ventrale lui permet de flotter et de remonter à la surface, ventre en l'air. Pour renouveler sa réserve d'air, elle se suspend à la surface de l'eau. Elle est capable d'infliger de cuisantes piqûres avec son rostre.

Naucore
Ilyocoris cimicoides · F. Naucoridés

Courtes pattes antérieures ravisseuses se repliant comme un couteau de poche, pattes postérieures natatoires.
LC 12-15 mm. Présente toute l'année.
Habitat : dans les eaux stagnantes riches en végétation ; assez fréquente partout.
À savoir ! Comme la plupart des autres punaises aquatiques, la Naucore se nourrit d'autres animaux aquatiques, surtout de larves d'insectes, mais aussi de têtards et d'alevins. Comme la Notonecte, elle est capable d'infliger des piqûres très désagréables lorsqu'on la touche.

Corise ponctuée
Corixa punctata · F. Corixidés

Dos marbré de clair et de foncé, corps aplati, longues pattes postérieures natatoires.
LC 13-15 mm. Juil.-mai.
Habitat : généralement assez fréquente dans les eaux stagnantes riches en plantes.
À savoir ! Contrairement à la plupart des autres punaises aquatiques, la Corise ponctuée se nourrit principalement de déchets végétaux. Le mâle peut produire des stridulations en frottant les pattes antérieures sur l'arête de la tête (d'où son surnom de « Cigale d'eau »).

Gerris
Gerris sp. · F. Gerridés

Pattes antérieures brièvement coudées, pattes médianes et postérieures très longues, étendues à plat en croix.
LC 10-17 mm. Présent toute l'année.
Habitat : sur les eaux stagnantes et coulant lentement ; fréquent partout.
À savoir ! Les Gerris colonisent la surface de l'eau, sur laquelle ils glissent comme des patineurs. Les poils du dessous de leurs pattes les empêchent de s'enfoncer dans l'eau. Ils vivent d'insectes tombés à l'eau. Chez certains Gerris les ailes sont très réduites, chez d'autres elles sont complètement développées.

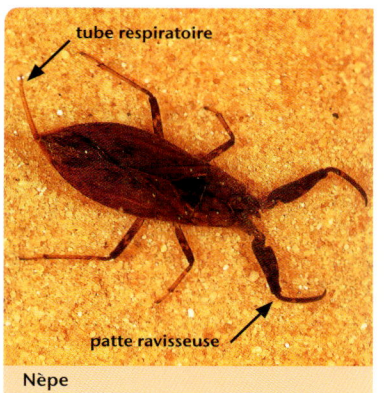

tube respiratoire

patte ravisseuse

Nèpe

tube respiratoire

patte ravisseuse

Ranâtre linéaire

Notonecte

patte ravisseuse

Naucore

patte natatoire

Corise ponctuée

Gerris
à la surface de l'eau

Sténodème lisse

Stenodema laevigatum · F. Miridés

Corps particulièrement mince, fémurs postérieurs sans épines. Scutellum (plaque dorsale,⇨ photo) nettement ponctué.
LC 8-9 mm ; coloration différente selon l'âge, d'abord jaunâtre clair, puis ocre avec des bandes foncées, enfin verdâtre. Juil.-mai.
Habitat : dans les endroits humides des prairies et des lisières forestières ; fréquent presque partout.
À savoir ! Le S. lisse vit sur les graminées, dont il suce la sève. Contrairement à la plupart des autres Miridés, il hiverne au stade adulte.

Proche L'espèce *Stenodema calcaratum*, également très mince, présente les mêmes phases de coloration, mais porte 2 épines sur le fémur postérieur. *S. holsatum* se reconnaît à son corps nettement plus large. Chez *Notostira eleongata*, au corps très mince, le scutellum n'est pas ponctué.

Deraeocoris rouge

Deraeocoris ruber · F. Miridés

Corps très large ; avec un étroit collier jaune, glabre sur le bord antérieur du pronotum.
LC 6,5-7,5 mm ; coloration très variable, outre la forme illustrée, on trouve p. ex. aussi des individus noirs avec un scutellum jaune et un point rouge sur les ailes antérieures. Juil.-sept.
Habitat : sur les prairies, fréquent.
À savoir ! Le Deraeocoris rouge séjourne volontiers sur les orties et les chardons et, contrairement à la plupart des autres Miridés, s'y nourrit de préférence de pucerons. L'hivernage s'effectue au stade de l'œuf.

Proche *Calocoris roseomaculatus* se tient souvent sur les plantes herbacées en fleurs, avec une préférence marquée pour les marguerites.

Punaise des peupliers

Anthocoris nemorum · F. Anthocoridés

Partie basale coriacée de l'aile antérieure brun clair, avec bande transversale noire élargie en forme de bouton vers l'intérieur, partie membraneuse laiteuse, avec dessin foncé délavé.
LC 3,5-4,5 mm ; à la différence des Miridés, avec 2 ocelles entre les yeux composés. Juil.-mai.
Habitat : fréquente partout dans les forêts, jardins et milieux ouverts.
À savoir ! La Punaise des peupliers, aussi appelée Punaise des fleurs, se pose plus souvent sur les feuilles que sur les fleurs, avec une préférence marquée pour les orties. Elle chasse d'autres insectes, en particulier les pucerons et les petits diptères. Si elle paraît plutôt sympathique au premier abord, elle gâche cette première impression en piquant régulièrement les gens et en leur suçant le sang. L'espèce produit généralement 2 générations par an, parfois 3 si les conditions sont favorables.

Punaise des lits

Cimex lectularius · F. Cimicidés

Corps très large et extrêmement aplati, ailes réduites à de minuscules écailles arrondies.
LC 5-6 mm ; les articles 3 et 4 des antennes sont amincis. Présente toute l'année.
Habitat : presque uniquement dans les bâtiments ; devenue rare en Eur. moy. grâce à l'amélioration des conditions d'hygiène.
À savoir ! La P. des lits se nourrit exclusivement de sang. De jour, elle se cache p. ex. sous un papier peint décollé. Lors de sa recherche de nourriture nocturne, elle est attirée par la chaleur corporelle et une concentration plus élevée de dioxyde de carbone.

Proche La **Punaise des hirondelles** (*Oeciacus hirudinis*), un peu plus petite, a 4 articles antennaires de même largeur et s'attaque surtout aux hirondelles.

Sténodème lisse

scutellum
jaune

Deraeocoris rouge

bande
foncée

Punaise des peupliers

moignon
d'aile

Punaise des lits

Réduve irascible
Rhynocoris iracundus · F. Réduviidés

Pronotum, ailes, abdomen et pattes portant un dessin noir et rouge très contrasté.
LC 14-17 mm. Mai-juil.
Habitat : dans les endroits chauds des prés secs et des lisières forestières ensoleillées, assez fréquente.
À savoir ! Cette robuste punaise prédatrice se met volontiers à l'affût sur les plantes en fleurs, où elle capture d'autres insectes atteignant jusqu'à sa propre taille, même des animaux à la défense aussi vive que l'Abeille européenne (photo à droite). Mieux vaut se méfier de son rostre et éviter de le toucher, car sa piqûre est très douloureuse. Les œufs, brun foncé et munis d'un couvercle blanc sur la partie antérieure, sont collés sur des pierres ou des plantes.

Proche Chez la **Réduve annelée** *(Rhynocoris annulatus)*, seuls les bords de l'abdomen et les pattes sont rouges.

Réduve masquée
Reduvius personatus · F. Réduviidés

Entièrement noire, corps un peu aplati.
LC 15-18 mm. Mai-août
Habitat : généralement dans les vieux bâtiments, plus rarement dans la nature ; assez fréquente.
À savoir ! Comme toutes les punaises prédatrices, la R. masquée possède un rostre piqueur assez robuste. En cas de menace, elle frotte la pointe de son rostre contre un sillon longitudinal strié situé sur la face ventrale du premier segment thoracique et produit ainsi une sorte de stridulation, qui est en quelque sorte le dernier avertissement avant sa piqûre extrêmement désagréable. La R. masquée est principalement crépusculaire et nocturne. Sa larve brunâtre porte sur tout le corps des poils collants qui retiennent les particules de poussière, si bien qu'elle ne tarde pas à ressembler à un amas de poussière informe (grande photo à droite). Comme l'imago,

elle se nourrit de petits insectes, se rendant ainsi utile (petite photo).

Punaise à pattes de crabe
Phymata crassipes · F. Réduviidés

Pronotum et bords de l'abdomen tous deux élargis en forme d'aile, pattes antérieures ravisseuses.
LC 8-9 mm. Mai-juin.
Habitat : dans les endroits chauds, p. ex. dans les prés secs.
À savoir ! Cette punaise aux formes extravagantes se tient volontiers sur les fleurs pour y guetter les insectes. Elle capture souvent d'assez grandes proies, jusqu'à des petits papillons. Les larves aux formes tout aussi bizarres sont presque blanches. §

Punaise demoiselle
Nabis limbatus · F. Nabidés

Assez élancée, ailes nettement raccourcies, rarement entièrement développées ; abdomen avec 3 bandes longitudinales foncées.
LC 7-9 mm. Juil.-sept. Plusieurs espèces semblables, ne pouvant être distinguées de façon certaine que d'après les pièces génitales.
Habitat : fréquente presque partout au bord des chemins et sur les prairies humides.
À savoir ! À l'instar des Réduviidés, cette petite punaise possède un rostre piqueur recourbé, cependant assez mince. Elle se nourrit également d'autres insectes.

Réduve irascible

robuste rostre

Réduve masquée
imago (à gauche) et larve couverte de poussière (à droite)

patte ravisseuse

Punaise à pattes de crabe

Punaise demoiselle

Punaise réticulée du chardon
Tingis cardui · F. Tingidés

Pronotum et ailes finement et régulièrement réticulés, pronotum avec 3 côtes longitudinales sur le dessus.
LC 3-4 mm. Juil.-mai.
Habitat : commune sur les prairies et au bord des chemins.
À savoir ! L'espèce vit sur les chardons. On la trouve en écartant un peu les bractées des capitules des chardons à la fin de l'été.

Proche La **Punaise réticulée** (ou **Tigre du platane**) *(Corythucha ciliata)*, originaire d'Amérique du Nord, vit exclusivement sur les platanes.

Punaise brune
Coreus marginatus · F. Coréidés

Assez uniformément brune, bords de l'abdomen dépassant latéralement sous les ailes.
LC 11-16 mm. Présente toute l'année.
Habitat : très fréquente dans les lisières forestières et les prairies.
À savoir ! La Punaise brune se tient généralement sur différentes espèces d'oseilles, dont elle suce la sève. Elle hiverne au stade adulte et devient presque noire durant le repos hivernal. (Photo de la larve ⇨ p. 9).

Proche Chez la **Punaise rhomboïdale** *(Syromastes rhombeus)*, un peu plus petite, les bords latéraux de l'abdomen sont nettement triangulaires. Elle vit dans les endroits chauds et sablonneux. Pour se nourrir, elle suce la sève des œillets.

Gendarme
Pyrrhocoris apterus · F. Pyrrhocoridés

Ailes antérieures nettement raccourcies, rarement entièrement développées, rouges avec sur chacune 1 grand et 1 petit point noir.
LC 10-12 mm. Août-mai.
Habitat : généralement au pied des tilleuls ou des robiniers âgés, surtout en zone urbaine ; fréquent dans la plupart des régions.
À savoir ! Le Gendarme suce de préférence les graines de tilleuls et de robiniers tombées au sol. On le trouve cependant aussi sur les fruits des mauves (photo). Au début du printemps, les Gendarmes se rassemblent souvent en amas compacts sur les murs ou au pied des arbres âgés. Dans ces amas, la température est légèrement plus élevée que dans les environs immédiats.

Proche L'espèce est souvent confondue avec la **Punaise écuyère**, qui présente cependant un dessin très différent et possède des ailes entièrement développées.

Punaise écuyère
Lygaeus equestris · F. Lygaeidés

Ailes antérieures entièrement développées, partie coriacée rouge avec bande transversale noire, partie membraneuse avec un point blanc au milieu.
LC 10-12 mm. Août-juin.
Habitat : dans les endroits chauds et ensoleillés, p. ex. sur les prés secs.
À savoir ! L'espèce suce de préférence la sève des Asclépiadacées.

Proche *Tropidothorax leucopterus* porte une tache blanche à l'angle interne de la membrane alaire. Elle n'apparaît que dans les endroits très chauds.

Punaise réticulée du chardon

abdomen
à bord élargi

Punaise brune

ailes
raccourcies

Gendarme

point
blanc

Punaise écuyère

Punaise grise
Elasmucha grisea · F. Acanthosomatidés

Couleur de fond verdâtre ou rougeâtre, ponctuée de noir dessus.
LC 6-9 mm. Présente toute l'année.
Habitat : fréquente partout dans les lisières de forêts et en bordure de chemins avec bouleaux.
À savoir ! En juin, la Punaise grise dépose sa ponte sur la face inférieure des feuilles de bouleaux, elle s'installe ensuite sur cette ponte (grande photo) et la défend contre les agresseurs. Après l'éclosion des larves et leur première mue, la femelle se met en route avec ses jeunes et les conduit vers leur source

de nourriture : les fruits mûrissants des bouleaux (petite photo). Les jeunes restent encore ensemble après la mort de leur mère et ne se dispersent qu'à la fin de l'été, lorsqu'ils sont devenus adultes (⇨ p. 54).

Pentatome rayé
Graphosoma lineatum · F. Pentatomidés

Face dorsale rayée longitudinalement de rouge et de noir, bords latéraux de l'abdomen tachetés de rouge et de noir.
LC 8-12 mm. Août-juin.
Habitat : assez fréquent sur les prairies et prés secs du Sud de l'Eur. moy., depuis quelques années, se répand vers le N.
À savoir ! Le Pentatome rayé suce la sève des Apiacées, dont les ombelles sont souvent visitées par des dizaines d'individus. Chez cette espèce, le scutellum (partie du thorax en forme de triangle) situé à la base des ailes est fortement agrandi et recouvre presque tout l'abdomen.

Proche Chez le **Graphosome ponctué** *(Graphosoma semipunctatum)*, qui ne vit que dans la région méditerranéenne, le pronotum est ponctué et non rayé.

Punaise verte
Palomena prasina · F. Pentatomidés

Entièrement verte, sans dessins distincts.
LC 12-14 mm. Août-juin.
Habitat : fréquente partout dans les lisières forestières et dans les milieux ouverts, également dans les jardins.
À savoir ! La Punaise verte devient souvent brune avant l'hivernage, puis à nouveau verte au printemps. Elle suce le jus des petits fruits. Ces derniers conservent ensuite un « goût de punaise » caractéristique, provenant d'une substance défensive que les punaises sécrètent pour éloigner leurs ennemis. Les œufs, également verts, sont déposés en plaques denses sur des feuilles au début de l'été. Peu avant l'éclosion des larves, leurs yeux

rouge lumineux transparaissent déjà à travers l'enveloppe des œufs (petite photo).

Pentatome des baies
Dolycoris baccarum · F. Pentatomidés

Corps et pattes velus, partie coriacée des ailes rouge vineux, bords latéraux de l'abdomen tachetés de clair et de foncé.
LC 10-14 mm. Août-juin.
Habitat : fréquent surtout dans toutes les lisières forestières.
À savoir ! Le P. des baies (ou Punaise des baies) est souvent pris pour un coléoptère, mais son rostre permet de le reconnaître aisément comme punaise. Comme la P. verte, il imprègne les baies de son « goût de punaise » repoussant lorsqu'il en suce le jus.

Proche Les Pentatomidés du genre *Carpocoris* présentent une couleur semblable, mais sont presque glabres.

Punaise grise
surveillant sa ponte

aile sous
le scutellum

Pentatome rayé

Punaise verte

bord tacheté

Pentatome des baies

Petite cigale montagnarde
Cicadetta montana · F. Cicadidés

Brun-noir avec bords des segments orange, ailes hyalines, portées en toit au repos.
LC 23-28 mm. Mai-juin.
Habitat : sur les prés secs et dans les lisières forestières ensoleillées, assez rare.
À savoir ! Le mâle de la Petite cigale montagnarde cymbalise à haute fréquence, son chant se terminant à chaque fois de façon abrupte. La larve possède des pattes antérieures fouisseuses en forme de pelle, à l'aide desquelles elle creuse des galeries dans le sol. §

Centrote cornu
Centrotus cornutus · F. Membracidés

Pronotum prolongé en pointe ondulée atteignant presque le bout de l'abdomen et muni de 2 épines latérales.
LC 7-9 mm. Mai-août.
Habitat : commun dans les lisières forestières et bords de chemins légèrement humides.
À savoir ! Le C. cornu se tient généralement sur les tiges des chardons, oseilles et autres plantes herbacées, où il est remarquablement camouflé par sa forme. Ses larves sont régulièrement visitées par les fourmis, qui les tâtent avec leurs antennes et obtiennent une sécrétion sucrée en réponse à ce signal.

Cicadelle écumeuse
Philaenus spumarius · F. Cercopidés

Coloration très variable, certains individus sont presque unicolores, d'autres portent des dessins les plus divers.
LC 5-7 mm. Juil.-oct.
Habitat : très fréquente sur toutes les prairies légèrement humides.
À savoir ! Comme celles du Cercope sanguin, les larves de la Cicadelle écumeuse s'entourent d'une mousse humide (« crachat de coucou »), dans laquelle elles vivent sur les tiges de plantes généralement herbacées (p. ex. sur les Cardamines des prés, qui portent souvent ces amas d'écume).

Fulgore d'Europe
Dictyophara europaea · F. Dictyopharidés

Généralement vert clair, plus rarement rougeâtre ; tête prolongée en pointe.
LC 9-13 mm. Juil.-sept.
Habitat : dans les endroits ouverts et chauds et les prés secs ; plus fréquent dans la région méditerranéenne.
À savoir ! La famille des Dictyopharidés est représentée par de nombreuses espèces dans les régions tropicales. On pensait autrefois que ces insectes produisaient de la lumière avec leur drôle de tête. L'espèce indigène se tient la plupart du temps sur les plantes herbacées basses. §

Cercope sanguin
Cercopis vulnerata · F. Cercopidés

Ailes noires avec 3 bandes rouges, la bande externe est parallèle au bord de l'aile.
LC 9-11 mm. Mai-août.
Habitat : sur les prairies et dans les lisières forestières légèrement humides, plus rare au N.
À savoir ! Les larves sucent la sève des racines des plantes. Cette sève est en partie rejetée sous forme d'eau mélangée à des protéines et rendue mousseuse par une injection d'air. L'écume ainsi créée (« crachat de coucou ») entoure les larves et leur sert de couche protectrice envers d'éventuels prédateurs.

Cicadelle verte
Cicadella viridis · F. Cicadellidés

♀ (photo) entièrement verte dessus, ♂ généralement avec ailes bleues.
LC 6-9 mm. Juin-oct.
Habitat : fréquente partout dans les prairies humides, les bords de chemins humides et d'autres endroits où poussent les Cypéracées.
À savoir ! La C. verte hiverne sous forme d'œuf. Les larves, ornées de bandes longitudinales foncées, s'observent au printemps sur les graminées. Les premiers imagos apparaissent au début de l'été. Ils ne tardent pas à produire la génération suivante, qui pond encore ses œufs avant l'hiver.

Petite cigale montagnarde

tête étirée en pointe

Fulgore d'Europe

épine prolongée

Centrote cornu ou le Demi-Diable

bande rouge arquée

Cercope sanguin

Cicadelle écumeuse

Cicadelle verte

Puceron du sureau
Aphis sambuci · F. Aphididés

Corps sphérique, vert olive ou gris-bleu, avec bandes transversales de sécrétions cireuses blanches sur le dos.

LC 2-3 mm. Mai-sept.

Habitat : sur le Sureau noir.

À savoir ! Les œufs hivernent puis donnent naissance aux fondatrices, qui engendrent une nombreuse descendance par parthénogenèse. Il en résulte des colonies très denses sur les branches et la face inférieure des feuilles de la plante hôte. En été, certains individus fondent de nouvelles colonies sur les Caryophyllacées ou les oseilles.

Puceron « brun »
Uroleucon jaceae aeneus · F. Aphididés

Brun foncé à reflets métalliques, avec 2 longs tubes (cornicules) au bout de l'abdomen.

LC 4-5 mm. Mai-sept.

Habitat : fréquent partout sur les chardons.

À savoir ! Ces pucerons, groupés en colonies denses sur les tiges des chardons, sucent la sève, tête en bas. En été, les fondatrices donnent naissance à des jeunes entièrement développés (photo). En cas d'attaque, les pucerons sécrètent une substance collante par les cornicules, ce qui n'effraye cependant pas des prédateurs comme les coccinelles.

Psylle de l'aulne
Psylla alni · F. Psyllidés

Vert clair, avec ailes hyalines portées en toit.

LC 3-5 mm. Juin-oct.

Habitat : fréquent partout dans les lisières forestières comportant des aulnes.

À savoir ! Le Psylle de l'aulne hiverne au stade de l'œuf. Au printemps, les larves se groupent en troupes denses sur les branches des aulnes pour en sucer la sève. Elles sécrètent des filaments cireux blancs, frisés, qui leur donnent l'aspect de petites boules de laine. Les individus entièrement développés sont capables de sauter.

Aleurode des serres
Trialeurodes vaporariorum · F. Aleyrodidés

Jaunâtre ; ailes portées en toit, saupoudrées de cire pulvérulente blanche.

LC 1-2 mm. Présent toute l'année.

Habitat : fréquent dans les serres et sur les plantes d'intérieur.

À savoir ! L'A. des serres est un insecte nuisible redouté dans les cultures sous serre, surtout celles des concombres et des tomates. La femelle pond ses œufs en cercle, qu'elle forme en posant son rostre sur la feuille et en tournant autour avec son corps. Le dernier stade larvaire, immobile, ressemble à une nymphe.

Cochenille australienne
Pericerya purchasi · F. Margarodidés

Corps caréné, orange, en partie recouvert de flocons de cire.

LC 5-8 mm. Présente toute l'année.

Habitat : assez fréquente dans la région méditerranéenne.

À savoir ! Les œufs sont déposés dans un gros ovisac entouré de bâtonnets de cire blancs (photo). L'espèce a causé d'importants dégâts aux agrumes dans plusieurs pays où elle a été introduite. Elle n'a pu être combattue efficacement que lorsque l'on a décidé d'introduire des coccinelles importées elles aussi d'Australie.

Cochenille farineuse
Planococcus citri · F. Pseudococcidés

♂ n'atteignant que 1-1,5 mm de long, ailé, avec 2 longs filaments cireux au bout de l'abdomen ; ♀ 3-5 mm de long, aptère, couverte d'une sécrétion de cire. Présente toute l'année.

Habitat : fréquente sur les plantes cultivées et ornementales, dans les habitations et les serres.

À savoir ! Les minuscules mâles s'observent surtout au début du printemps. Ils s'accouplent avec les jeunes femelles encore mobiles (photo). Celles-ci deviennent ensuite presque immobiles, sécrètent de grandes quantités de cire laineuse et y déposent leurs œufs.

Puceron du sureau

Puceron « brun »
suçant tête en bas

Psylle de l'aulne

ailes blanches
portées en toit

Aleurode des serres

filaments
cireux

Cochenille australienne

Cochenille farineuse
mâle ailé

Psoque
Loensia fasciata · O. Psocoptères

Ailes assez larges, avec une bande noire en forme de fer à cheval près de la pointe.
LC 3-4 mm. Mai-sept.
Habitat : commun dans les lisières forestières et les jardins.
À savoir ! A la différence de presque tous les autres ordres du groupe des « Hémiptères et alliés », les Psocoptères possèdent encore des pièces buccales broyeuses. L'espèce présentée ici se nourrit principalement d'algues vertes poussant sur l'écorce. D'autres espèces préfèrent les moisissures. La femelle dépose ses œufs un à un sur l'écorce des arbres et les camoufle avec une couche de fragments d'écorce et d'autres particules semblables, qu'elle colle à l'aide une substance sécrétée au bout de son abdomen. Les larves éclosent en été. Une partie d'entre elles se développe en imagos avant l'automne, pond les œufs avant l'hiver et meurt, d'autres en revanche hivernent au stade de larve.

Thrips
Parthenotrips dracenae ·
O. Thysanoptères

Ailes très étroites, blanches avec 2 bandes transversales foncées, bords avec longues franges.
LC 1-1,3 mm. Présent toute l'année.
Habitat : sur les plantes cultivées et ornementales se trouvant dans les habitations et les serres ; assez fréquent.
À savoir ! Les Thrips font partie des insectes nuisibles pouvant causer de gros dégâts dans les cultures. En piquant et en suçant les plantes, ils provoquent souvent leur rabougrissement ou transmettent des maladies causées par des virus ou des bactéries. Certaines espèces forment des essaims par temps lourd (d'où leur surnom de « bêtes d'orages »). S'ils se retrouvent dans la muqueuse oculaire, ils peuvent provoquer des douleurs ressemblant à des brûlures. Le développement des larves passe par 2 ou 3 stades de repos et fait penser à la métamorphose complète des ordres d'insectes plus évolués.

Pou du pigeon
Columbicula columbae · O. Phthiraptères

Corps fortement aplati et très étroit, tête beaucoup plus longue que large.
LC environ 2 mm; antennes insérées à peu près au milieu de la tête, dirigées vers l'arrière. Présent toute l'année.
Habitat : dans le plumage des pigeons ; fréquent.
À savoir ! L'ordre des Phthiraptères se divise en 4 sous-ordres, dont ceux des Ischnocères (poux aviaires, notamment P. du pigeon) et des Anoploures (pou de l'homme). Contrairement aux Anoploures, les Ischnocères possèdent encore des pièces buccales broyeuses. Ils se nourrissent de la corne des poils ou des plumes de leurs hôtes, mais aussi du sang s'écoulant des blessures.

Proche L'espèce *Campanulotes bidentatus compar,* vivant également sur le pigeon, possède un corps plus large.

Pou de tête
Pediculus capitis · O. Phthiraptères

Corps fortement aplati, s'amincissant nettement vers l'avant, pattes typiquement griffues.
LC 2,5-3 mm. Présent toute l'année.
Habitat : uniquement dans la chevelure de l'homme ; nettement plus rare qu'autrefois, mais des invasions se manifestent encore régulièrement.
À savoir ! Le Pou de tête possède sur chaque patte une griffe qui se referme contre le dernier article de la patte. Il peut ainsi s'accrocher fermement aux cheveux. Le Pou de tête se nourrit exclusivement de sang humain, qu'il absorbe à l'aide de ses pièces buccales piqueuses. Les œufs (« lentes », petite photo)

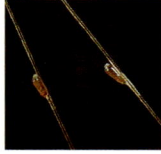

sont fixés aux cheveux au moyen d'une substance collante. La nouvelle génération achève déjà sa croissance 2 semaines après la ponte.

bande en
forme de fer
à cheval

Psoque

2 bandes
transversales

Thrips

Pou du pigeon

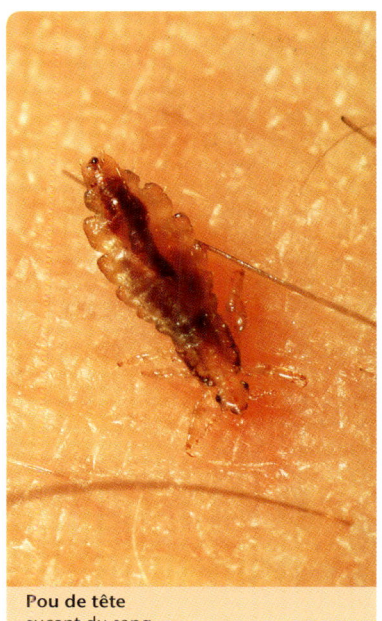

Pou de tête
suçant du sang

Fourmilion commun
Myrmeleon formicarius · F. Myrméléontidés

Insecte particulièrement grand, avec une envergure de 70-80 mm, faisant penser à une libellule, mais contrairement à celle-ci avec des antennes nettement visibles, à extrémités épaissies en massue.

PV mai-août.

Habitat : surtout dans les bords de chemins ensoleillés ainsi que dans les landes et les pelouses sèches, également en zone urbaine ; peu fréquent.

À savoir ! On trouve beaucoup plus facilement la larve (grande photo à droite) que le Fourmilion adulte. Celle-ci a un corps court et large, et sa tête porte de longues mandibules fortement dentées, aux extrémités recourbées en crochet, capables d'injecter des sucs digestifs et d'aspirer le contenu liquéfié du corps de la proie. Elle vit sur les surfaces ensoleillées, sablonneuses et protégées de la pluie, par exemple sous les toits des maisons ou les talus de chemins en surplomb. Dans ce substrat meuble, la larve creuse un entonnoir en

rejetant constamment le sable vers l'extérieur avec la tête, pendant que le corps s'enfonce progressivement dans le sable en une spirale qui se resserre (petite photo ci-dessus). Les fourmis et autres animaux qui pénètrent sur la pente de l'entonnoir dérapent sur les grains de sable et dévalent vers le fond de l'entonnoir, où ils sont saisis par les pinces et vidés de leur substance. Le Fourmilion accentue la glissade de ses proies en leur projetant des jets de sable. Au printemps, la larve se nymphose dans un cocon sphérique, revêtu de sable. L'imago est surtout actif au crépuscule et s'observe le plus facilement à proximité de ses larves. Il se nourrit d'autres petits insectes. §

Fourmilion parisien
Euroleon nostras · F. Myrméléontidés

Ressemble au Fourmilion commun, excepté les ailes tachetées de foncé.

ENV. 50-66 mm. PV juin-sept.

Habitat : principalement dans les régions sablonneuses sèches, chemins ensoleillés, surtout en plaine ; peu fréquent.

À savoir ! Alors que les entonnoirs des larves du Fourmilion commun se trouvent parfois aussi dans des endroits non protégés de la pluie, par exemple dans les zones à granulométrie fine des éboulis ou dans les pinèdes peu serrées, le Fourmilion parisien s'établit toujours dans des endroits abrités de la pluie. Il n'est ainsi pas rare de trouver des centaines d'entonnoirs serrés les uns contre les autres sous

les bords surplombants des sablières. Dans ces endroits, on peut aussi trouver les cocons nymphaux sphériques cachés dans le sable meuble (petite photo). §

Hémérobe phalène
Drepanepteryx phalaenoides ·
F. Hémérobiidés

Ailes imitant une feuille morte, avec une échancrure arquée et dentelée avant l'apex.

ENV. 22-32 mm. Présent toute l'année.

Habitat : commun dans les lisières forestières et les bords de chemins, ainsi qu'en zone urbaine.

À savoir ! Ce Névroptère actif au crépuscule et de nuit vit de préférence sur les arbres et buissons feuillus et se laisse facilement attirer par la lumière artificielle. Par la forme, les couleurs et le dessin de ses ailes, il imite parfaitement une feuille morte. Au repos, il renforce encore cette impression en rentrant la tête et le prothorax

(petite photo). Tout comme l'imago, la larve est une grande consommatrice de pucerons.

ailes sans taches

pince suceuse

Fourmilion commun

ailes tachetées de foncé

Fourmilion parisien

échancrure dans l'aile

Hémérobe phalène

Chrysope verte
Chrysoperla carnea · F. Chrysopidés

Généralement vert clair, avec ailes à nervation dense, portées en toit au repos, yeux globuleux, reflétant toutes les couleurs de l'arc-en-ciel.
ENV. 15-30 mm. Présente toute l'année.
Habitat : fréquente partout au bord des chemins et dans les milieux ouverts.
À savoir ! Jusqu'il y a quelques années, la Chrysope verte était considérée comme une espèce comparativement facile à reconnaître de cette famille. Les caractéristiques de la nervation alaire permettent de la distinguer aisément des autres espèces ressemblantes du genre *Chrysopa*. Mais depuis, on a découvert qu'avant l'accouplement, les mâles émettent un tambourinage pour attirer leurs partenaires, et qu'ils se servent pour cela de « dialectes » nettement différents. Ces dialectes correspondent manifestement à des espèces propres, ce qui a entre-temps été corroboré par d'autres caractéristiques. On est à présent certain qu'il existe au moins 2 autres espèces de *Chrysoperla* en plus de la « vraie » *C. carnea*, mais leur distinction pose encore un certain nombre de problèmes. La Chrysope verte, selon l'ancienne conception de cette espèce, produit en général plusieurs générations par an. Les individus d'automne se réfugient souvent dans les bâtiments pour hiverner et se décolorent alors vers le brun (grande photo à droite); ils redeviennent cependant verts au printemps.
Après l'accouplement, la femelle dépose ses œufs longuement pédonculés sur des tiges de plantes, à proximité d'une colonie de pucerons (petite photo). Les larves, équipées de pinces suceuses, se nourrissent presque exclusivement de pucerons. On les utilise d'ailleurs

pour la lutte biologique contre les pucerons. Les imagos en revanche vivent principalement de miellat, c'est-à-dire des sécrétions sucrées des pucerons.

Mantispe commune
Mantispa styriaca · F. Mantispidés

Brun clair, prothorax très allongé, pattes antérieures développées en pattes ravisseuses très épineuses.
ENV. 15-35 mm. PV juin-sept.
Habitat : dans les endroits très chauds et riches en buissons, p. ex. en lisière des forêts clairsemées; vit dans le S. de l'Eur. et dans les régions chaudes d'Eur. moy. (p. ex. en Alsace et en Styrie).
À savoir ! La Mantispe commune présente une remarquable convergence évolutive avec la Mante religieuse (⇨ p. 40) et montre de façon frappante comment l'évolution, en adaptation à un mode d'alimentation, peut réaliser des formes presque identiques chez des groupes d'insectes qui ne sont absolument pas apparentés. Il s'agit d'un exemple classique de convergence, c'est-à-dire de l'évolution vers une ressemblance morphologique de deux organismes non apparentés sous l'influence de conditions environnementales identiques ou de modes de vie semblables. Contrairement à la Mante religieuse, la Mantispe commune est cependant crépusculaire et s'approche régulièrement des sources lumineuses. De jour, elle se tient généralement cachée sur la face inférieure des feuilles (de préférence de chênes). Elle se nourrit principalement de petits Diptères et d'autres insectes volants, qu'elle saisit à la vitesse de l'éclair avec ses pattes ravisseuses (petite photo).
En été, la femelle dépose plusieurs milliers d'œufs brièvement pédonculés sur des troncs d'arbres. Les larves du premier stade ne se nourrissent pas et hivernent. Au printemps, elles pénètrent dans le cocon d'une araignée-loup, s'y transforment en un stade du type asticot

et dévorent les œufs d'araignée. Plus tard, la larve se nymphose dans le cocon d'araignée et le quitte finalement comme insecte achevé. §

Chrysope verte
avec couleur normale (à gauche) et couleur en automne (à droite)

pattes ravisseuses

Mantispe commune

Ascalaphe soufré
Libelloides coccajus · F. Ascalaphidés

Ailes assez larges, avec des dessins jaunes (rarement blancs) et noirs étendus, antennes de la longueur du corps.
ENV. 42-55 mm. PV mai-juil.
Habitat: dans les endroits chauds, herbeux ou pierreux à rocheux; rare, plus fréquent dans la région méditerranéenne et les Alpes méridionales.
À savoir! À première vue, ce splendide Névroptère fait penser à un papillon, dont il se distingue cependant nettement par ses ailes dépourvues d'écailles, à nervures en réseau. Cette espèce, uniquement active par temps chaud et ensoleillé, présente un vol bourdonnant paraissant très léger et s'envole au moindre dérangement. L'Ascalaphe soufré se pose volontiers sur un brin d'herbe juste au-dessus du sol et prend un bain de soleil en ouvrant largement ses ailes. Mais dès que le soleil disparaît, il replie ses ailes en toit au-dessus du corps. Pour l'accouplement, le mâle saisit une femelle en vol à l'aide de ses longues pinces abdominales, puis le couple se pose à proximité du sol. Les œufs, oblongs, sont collés sur des tiges de plantes en 2 rangées superposées à la manière de tuiles. La larve ressemble à celle d'un Fourmilion (⇨ p. 70), mais porte des protubérances dirigées vers l'extérieur sur les côtés des segments abdominaux. Contrairement à la larve du Fourmilion, elle est en outre capable de se déplacer en avant. §

Proche L'**Ascalaphe commun** (*Libelloides longicornis*), encore plus rare, a une couleur jaune plus étendue et présente une lunule noire sur les ailes postérieures. Cette espèce est distribuée dans le Sud-Ouest de l'Europe et vole un peu plus tard dans l'année. Au repos, il replie ses ailes au bout de quelques secondes. §

Hémérobe aquatique
Osmylus fulvicephalus · F. Osmylidés

Ailes relativement larges, tachetées de noir et de blanc, tête rouge vif.
ENV. 40-52 mm. PV mai-juil.
Habitat: au bord des ruisseaux, surtout dans les endroits ombragés; peu fréquent.
À savoir! L'Hémérobe aquatique est principalement actif au crépuscule. À l'époque de la reproduction, le mâle s'accroche à la face inférieure d'une feuille, à proximité immédiate de l'eau, recourbe quelque peu l'abdomen et fait apparaître, peu avant l'extrémité de celui-ci, deux glandes en forme de tube (grande photo) qui diffusent une odeur attirant les femelles. Après l'accouplement, les œufs sont déposés sur les plantes des rives. La larve vit sur la berge. Pour se nourrir, elle

entre dans l'eau, pique des larves d'insectes à l'aide de ses pinces suceuses et les entraîne à terre pour les vider de leur substance (petite photo).

Sisyre
Sisyra fuscata · F. Sisyridés

Couleurs sombres, ailes foncées, avec nervures longitudinales nettement saillantes.
ENV. 10-12 mm. PV mai-sept.
Habitat: sur les rives des eaux stagnantes ou à courant lent abritant des éponges d'eau douce; peu fréquent, mais souvent présent en grand nombre dans ses stations.
À savoir! Ce petit Névroptère qui vole au crépuscule passe généralement la journée caché sous la face inférieure des feuilles. On observe beaucoup plus facilement sa larve de couleur verdâtre ou jaunâtre (petite photo). On peut la trouver régulièrement à la fin de l'été sur les éponges d'eau douce (animal de l'embranchement des Spongiaires). Pour se nourrir, elle enfonce

dans l'éponge ses pinces suceuses tendues droit en avant. L'éponge n'en subit cependant pas de dommages notables.

antenne
avec bouton
terminal

Ascalaphe soufré

glandes
odoriférantes

Hémérobe aquatique

Sisyre

Raphidie
Raphidia sp. · O. Raphidioptères

Tête longue et étroite, avec des yeux placés très en avant, prothorax allongé en forme de cou, s'articulant de façon très mobile sur le reste du thorax.
ENV. 10-40 mm. Avril-août. On connaît environ 15 espèces indigènes difficiles à distinguer, qui ont récemment été réparties en 9 genres différents.
Habitat : commune dans les lisières forestières et les jardins.
À savoir ! Les imagos sont actifs de jour et se tiennent de préférence sur les arbres et les buissons. Certaines espèces privilégient les feuillus, alors que d'autres vivent exclusivement sur les conifères. Les Raphidies se nourrissent de petits insectes, avec une préférence pour les pucerons et les cochenilles, qu'elles saisissent avec les mandibules pour les « cueillir » sur le support. Les femelles possèdent un oviposeur long et flexible, avec lequel elles insèrent les œufs dans les fentes de l'écorce. Les larves, très allongées et nettement

aplaties (petite photo en haut), vivent sous l'écorce et y chassent d'autres insectes, par exemple les Bostryches et leurs larves. On trouve aussi des Raphidies sur le sol, sous les buissons. Le développement des larves dure généralement 2-3 ans. Avant le dernier hivernage, la larve se prépare une cavité dans l'écorce ou au sol. Elle s'y nymphosera au printemps suivant. La nymphe (petite photo en bas) est tout d'abord immobile, puis, peu avant la mue qui la transformera en insecte adulte, elle se met à bouger et quitte la cavité nymphale. Elle part ainsi à la recherche d'un lieu de mue sur

un tronc. Elle s'y agrippera durant sa métamorphose, jusqu'à ce que l'imago quitte finalement l'enveloppe nymphale.

Sialis
Sialis sp. · O. Mégaloptères

Noirâtre, avec ailes teintées de brun foncé, portées en toit, présentant un réseau de nervures noires nettement en relief.
ENV. 23-35 mm. PV mai-août. 3 espèces indigènes difficiles à distinguer.
Habitat : assez fréquente au bord des eaux stagnantes ou à courant lent *(Sialis fuliginosa)*, ainsi qu'au bord des eaux courantes propres *(Sialis lutaria)*.
À savoir ! Au stade adulte, la Sialis ne se nourrit pratiquement pas. La larve, munie

de longues branchies trachéennes filiformes (petite photo), se développe dans les fonds vaseux des eaux et se nourrit d'autres insectes aquatiques. Elle se nymphose sur la rive, dans une cavité sous terre.

Puce des oiseaux
Ceratophyllus sp. · O. Siphonaptères

Corps fortement aplati latéralement, bord postérieur du premier segment thoracique avec une rangée transversale d'épines noires ressemblant à un peigne.
LC 2-3 mm ; de couleur brun foncé. Présente toute l'année.
Habitat : sur différentes espèces d'oiseaux (p. ex. passereaux et poules domestiques), également dans les nids d'oiseaux après la période de nidification. D'autres espèces de puces vivent sur des animaux à sang chaud.
À savoir ! Les puces se nourrissent uniquement du sang de leurs hôtes, mais sont moins étroitement liés à ceux-ci que les poux. Les Puces des oiseaux sont ainsi également

capables de se nourrir sur l'homme. Les larves, allongées et apodes (petite photo), se développent dans les nids des oiseaux.

Raphidie

prothorax
allongé en
forme de cou

Sialis

Puce des oiseaux
suçant du sang

Panorpe germanique
Panorpa germanica · O. Mécoptères

Derniers segments abdominaux recourbés vers le haut chez le ♂ (photo), extrémité avec une pince préhensile faisant penser à un dard de scorpion; abdomen se terminant en un oviposeur pointu chez la ♀.

ENV. 25-30 mm; tête allongée vers le bas en forme de bec, avec pièces buccales broyeuses. PV mai-août.

Habitat : fréquente presque partout au bord des forêts et des chemins.

À savoir! La Panorpe se nourrit entre autres d'insectes morts et du miellat des pucerons. Elle s'attaque aussi aux proies prises au piège dans les toiles d'araignées. Pour l'accouplement, le mâle saisit une femelle avec sa pince abdominale puis dépose, en guise d'offrande, une goutte de liquide sucré produit par ses glandes salivaires. La femelle aspire ensuite cette friandise. Les larves, qui ressemblent à des chenilles, se développent sous terre.

Puce des neiges
Boreus westwoodi · O. Mécoptères

Vert métallique foncé, tête se prolongeant en un bec brun-jaune, ailes fortement rétrécies.

LC environ 3,5 mm. Oct.-mars.

Habitat : généralement commune dans les lisières forestières et dans les milieux ouverts.

À savoir! La Puce des neiges fait partie des rares insectes qui ne s'observent que durant le semestre d'hiver et qui restent mobiles lorsque la température est proche de zéro degré. Durant les jours d'hiver doux, on peut régulièrement la découvrir sur la neige. Elle se nourrit principalement de mousses. Pour l'accouplement (petite photo), le mâle saisit une femelle avec ses ailes rudimentaires en

forme de crochets et la porte sur son dos. Par la suite, la femelle dépose les œufs dans le sol à l'aide de son oviposeur.

Bittaque
Bittacus italicus · O. Mécoptères

Fait fortement penser à une Tipule (⇨ p. 136), mais avec 2 paires d'ailes et un corps plus orangé.

ENV. 35-40 mm. PV fév.-avril.

Habitat : dans les secteurs mi-ombragés des milieux chauds et humides, surtout dans les forêts alluviales; très rare en Eur. moy., plus fréquent dans la région méditerranéenne.

À savoir! Le Bittaque est actif au crépuscule. Il se suspend aux tiges des plantes avec ses pattes antérieures pouvant s'enrouler en boucle et laisse ses pattes postérieures pendre librement. Lorsqu'une mouche ou un autre insecte passe en vol, il est saisi à

la vitesse de l'éclair par les pattes postérieures munies de crochets très allongés, amené à la bouche et dévoré, toujours dans cette même position suspendue.

Stylops
Stylops sp. · O. Strepsiptères

♂ (photo du haut) avec une envergure de 6-10 mm, ailes postérieures déployées en éventail, ailes antérieures réduites à de petites massues.

♀ (photo du bas) longue de 4-7 mm, réduite à un tonnelet immobile. PV (♂) fév.-avril.

Habitat : dans les colonies d'Abeilles des sables (Andrènes); commun par régions.

À savoir! La larve de Stylops se développe à l'intérieur de la larve d'une Abeille des sables du genre *Andrena* (⇨ p. 176), elle se nymphose ensuite dans l'abdomen de l'abeille adulte et prend la forme d'un tonnelet, dont on voit dépasser une pointe en forme d'écaille entre les segments abdominaux de l'abeille. Le ♂ ailé qui en éclôt s'accouple avec une ♀ sur l'abeille même. La ♀, qui conserve l'aspect de tonnelet, produit de nombreux œufs et meurt. Les minuscules larves du premier stade quittent l'hôte, rejoignent une fleur et se laissent emporter vers le nid par une autre abeille.

Panorpe germanique

aile
rudimentaire

Puce des neiges

Bittaque

mâle ailé

extrémité
du corps
de la femelle

Stylops

Limnephilus
Limnephilus flavicornis · O. Trichoptères

Ressemble à un papillon de nuit, mais avec des ailes recouvertes de poils et non d'écailles ; ailes antérieures beaucoup plus étroites que les postérieures, taillées en biais à l'extrémité, avec un fin motif de taches indistinctes.
ENV. 26-37 mm. PV mai-oct.
Habitat : près des rives des mares et étangs riches en plantes ; assez fréquent partout.
À savoir ! L'insecte adulte est principalement crépusculaire, mais vole peu. Ses pièces buccales, comme celles de tous les Phryganes, sont réduites, il ne se nourrit donc plus. Les œufs sont pondus en tas ressemblant à des galles (petite photo en bas) dans la végétation des rives, à proximité immédiate

de l'eau. La larve possède un abdomen membraneux, blanchâtre, portant de nombreuses branchies filamenteuses, qu'elle cache dans un fourreau construit à l'aide de fils de soie. L'extérieur de ce fourreau est camouflé avec des matières environnantes, qui peuvent être des lentilles d'eau (comme sur la grande photo de droite), des petits morceaux de bois ou des coquilles d'escargots. Il arrive même que la larve ajoute des escargots d'eau vivants à son fourreau. Elle se nourrit de plantes aquatiques.

Proche L'espèce apparentée *Limnephilus rhombicus*, également assez fréquente, possède la même forme d'ailes antérieures, mais le fond roux clair est orné d'une tache blanchâtre en forme de losange, plus foncé devant et derrière.

Glyphotaelius
Glyphotaelius pellucidus · O. Trichoptères

Ailes brun-jaune avec de grandes taches foncées et blanchâtres, découpées en arc oblique avant l'apex.
ENV. 28-38 mm. PV mai-août.
Habitat : surtout sur les rives des mares forestières ; commun.
À savoir ! Ce Trichoptère très particulier ne peut être confondu avec aucune autre espèce indigène grâce au découpage caractéristique de ses ailes. Même sa larve (grande photo à droite) ne peut être confondue avec une autre. Celle-ci vit de préférence dans les mares dont le fond est recouvert de feuilles mortes, dans lesquelles elle découpe des morceaux ronds ou ovales, qui lui servent à confectionner son fourreau en forme de plaque, atteignant 6 cm de long. Le fourreau de feuilles cache un tube de soie, dans lequel la larve de Trichoptère abrite son abdomen, et où elle peut aussi se retirer entièrement en cas de danger. Peu avant la nymphose, la larve fixe son fourreau à un support à l'aide de fils de soie. À la fin du repos nymphal, la nymphe devient mobile, sort du fourreau et quitte l'eau en grimpant sur une tige de plante. C'est ici que s'effectue finalement la mue vers l'insecte achevé.

Proche Une autre espèce assez fréquente et difficile à confondre est *Chaetopteryx villosa*. Elle possède des ailes particulièrement courtes et larges, très poilues, et n'apparaît qu'en automne et en hiver. L'accouplement a souvent lieu sur la neige. Son habitat se trouve sur les rives des torrents de montagne.

Limnephilus
imago (à gauche) et larve dans son fourreau de lentilles d'eau (à droite)

Glyphotaelius
imago (à gauche) et larve avec étui de feuilles découpées (à droite)

Sericostoma
Sericostoma personatum · O. Trichoptères

Trichoptère noir à ailes brunes, ♂ avec palpes labiaux élargis, faisant l'effet d'un masque.
ENV. 20-33 mm. PV juin-sept. (Imago non illustré).
Habitat : dans et au bord des ruisseaux à courant rapide ; assez fréquent.
À savoir ! La larve (photo) construit un fourreau étroit, arqué, qui est très régulièrement recouvert de fins grains de sable.

Proche Les fourreaux des larves du genre *Potamophylax* sont recouverts d'une couche inégale de grains de sable grossiers.

Goera
Goera pilosa · O. Trichoptères

Trichoptère brun foncé (♂) ou brun clair (♀) à ailes uniformément brunes.
ENV. 18-25 mm. PV mai-juil. L'imago, non illustré, est difficile à distinguer des autres espèces.
Habitat : dans et au bord des ruisseaux et rivières propres ainsi que des lacs à fonds graveleux ; commun.
À savoir ! La larve décore l'extérieur de son étui en forme de tube de petites pierres, puis elle fixe quelques pierres plus grosses sur les côtés, dont la taille augmente de l'arrière vers l'avant (photo). L'ensemble du fourreau présente ainsi une forme très plate, s'élargissant vers l'avant. Cette forme hydrodynamique diminue le risque pour la larve de se faire emporter par le courant.

Proche Les larves du genre *Silo* construisent des étuis très semblables, mais qui ne sont pas élargis vers l'avant.

Neureclipsis
Neureclipsis bimaculata · O. Trichoptères

Ailes grises avec 2 taches blanc jaunâtre.
ENV. 12-21 mm. PV juil.-août (Imago non illustré).
Habitat : principalement aux embouchures des lacs et des étangs piscicoles ; peu fréquent.
À savoir ! La larve (petite photo en bas), blanchâtre et très mince, ne possède pas de branchies filamenteuses, mais respire à travers la peau. À la place d'un étui, elle confectionne un filet piège muni d'une ouverture en forme de cornet, atteignant 10 cm de longueur, qu'elle fixe sur des tiges de plantes ou entre des pierres (grande photo). La larve elle-même se tient dans la partie terminale étroite

et recourbée du filet et vit de fragments de plantes, de plancton et d'autres particules fines qui se prennent dans son filet grâce au courant.

Enoicyla
Enoicyla pusilla · O. Trichoptères

♀ (photo du haut) longue de 3-5 mm, avec de minuscules moignons d'ailes.
♂ (non illustré) avec une envergure de 11-15 mm, noir avec des pattes claires et des ailes brunes. Sept.-oct.
Habitat : sur le sol des forêts légèrement humides ; assez fréquent dans certaines régions.
À savoir ! Outre une autre espèce très proche, *Enoicyla pusilla* est le seul Trichoptère terrestre d'Europe moyenne. La larve (photo du bas) entoure son fourreau arqué de petits grains de sable. Elle vit de préférence à la base des troncs de feuillus et se nourrit entre autres de feuilles mortes. Par temps humide, on peut parfois observer la larve monter le long du tronc. La nymphose a lieu en septembre, après un long repos estival. Peu après, en octobre, la femelle pond ses œufs, englobés dans une plaque gélatineuse déposée au sol. Les larves éclosent encore avant le début de l'hiver.

Sericostoma
larve avec étui de sable

Goera
larve avec étui de pierres

Neureclipsis
filet-piège de la larve

Enoicyla
larve (en bas) avec étui de sable

Cicindèle champêtre
Cicindela campestris · F. Carabidés

Dessus vert à vert-bleu lumineux, élytres avec petites taches blanc jaunâtre au bord et peu en arrière du milieu.
LC 10-18 mm. Présente toute l'année.
Habitat : au bord des chemins et sur les prés secs ; assez fréquente partout.
À savoir ! Les larves vivent dans des zones de sol nu où elles creusent des galeries de diamètre égal à celui d'un crayon (petite photo). Elles possèdent une tête aplatie, semi-circulaire, formant avec le pronotum de même forme une unité circulaire permettant de fermer l'ouverture de la galerie comme avec un couvercle. Dès qu'un petit invertébré, par exemple une fourmi, marche sur le couvercle, la larve le saisit avec ses mandibules dirigées vers le haut et l'entraîne dans la galerie. À la moindre secousse, par exemple provoquée

par des pas, les larves se laissent immédiatement glisser vers le fond de leur galerie. Si l'on patiente quelques instants, on les voit refaire progressivement surface. §

Cicindèle hybride
Cicindela hybrida · F. Carabidés

Brun foncé avec reflet cuivré, élytres avec taches marginales blanches et bande dentelée blanche.
LC 11-19 mm. Présente toute l'année.
Habitat : dans les milieux ouverts et sablonneux, en particulier sur les dunes et dans les sablières ; assez fréquente par régions.
À savoir ! Comme toutes les Cicindèles, les Cicindèles hybrides sont très craintives et de ce fait difficiles à observer. Elles se nourrissent d'autres insectes, qu'elles saisissent et mettent en pièces avec leurs mandibules dentées. Le soir, elles creusent des galeries descendant en pente douce dans le sol, dans lesquelles elles passent la nuit, souvent à plusieurs serrées les unes contre les autres. §

Proche La **Cicindèle des forêts** (*Cicindela sylvatica*) est la seule Cicindèle possédant un labre (lèvre supérieure) noir. Elle apparaît, assez rarement, dans les pinèdes claires. §

Cicindèle germanique
Cicindela germanica · F. Carabidés

Dessus verdâtre à cuivré, élytres avec de petites taches blanches uniquement sur le bord.
LC 8-11 mm. Présente toute l'année.
Habitat : sur les surfaces argileuses ou pierreuses dépourvues de végétation des bords de chemins et des prés secs, de préférence sur sols calcaires ; rare partout.
À savoir ! La C. germanique est la seule Cicindèle indigène à ne pas s'envoler en cas de danger, mais à s'enfuir en courant à toute vitesse. Elle possède des pattes nettement plus longues que les autres espèces de son genre et peut facilement être confondue avec une araignée-loup en fuite. Il est même difficile de ne pas la perdre de vue lorsqu'elle court. §

Proche La **Cicindèle des Alpes** (*Cicindela gallica*), également verte, porte des bandes dentelées blanches sur les élytres et n'apparaît que dans les Alpes, au-dessus de la limite des arbres, jusqu'à 2 800 m. Commune dans les Alpes suisses. §

Cicindèle champêtre
mangeant un Hanneton horticole

Cicindèle hybride
lors de l'accouplement

très longues pattes

Cicindèle germanique

Carabe doré
Carabus auratus · F. Carabidés

Surface du corps vert doré à cuivrée, 3 côtes longitudinales lisses de la même couleur sur chaque élytre, articles 1-4 des antennes jaunes ou rouges.
LC 17-30 mm. Présent toute l'année.

Habitat : sur les surfaces ouvertes, p. ex. au bord des chemins, sur les prés secs et dans les jardins ; il est commun dans la plupart des régions.

À savoir ! Contrairement à la plupart des autres espèces du genre *Carabus*, le Carabe doré est surtout actif de jour. À l'instar d'autres espèces de ce genre, l'insecte adulte peut vivre plusieurs années. Durant les mois d'été chauds, il passe par une phase de repos. En automne, il se retire sous une pierre ou un morceau de bois tombé au sol, où il se creuse une cavité ovale pour l'hivernage. Le carabe doré hiverne également souvent dans des souches déjà passablement décomposées.

Ce coléoptère inapte au vol chasse d'autres insectes et leurs larves au sol ; il ne dédaigne alors pas non plus les larves de Doryphores. Les vers de terre constituent manifestement l'une de ses proies préférées. La proie est arrosée de sucs gastriques, qui la liquéfient, puis aspirée.

Au printemps, les Carabes dorés s'affairent à la reproduction. Les larves, pigmentées de foncé, se nourrissent également d'animaux du sol et se nymphosent en été dans une cavité du sol atteignant jusqu'à 20 cm de profondeur. §

Proche Chez le **Carabe à reflets dorés** (*Carabus auronitens*), également commun, les arêtes des côtes alaires sont noires, et seul le 1er article antennaire est orangé. Contrairement au C. doré, le C. à reflets dorés est principalement nocturne. §

Carabe embrouillé
Carabus intricatus · F. Carabidés

Corps très étroit et légèrement aplati, face dorsale bleu lumineux, particulièrement sur les bords.
LC 24-36 mm. Présent toute l'année.

Habitat : dans les forêts de feuillus et les broussailles.

À savoir ! Chez le mâle (photo), comme chez toutes les espèces du genre *Carabus*, les articles des tarses des pattes antérieures sont élargis et garnis de poils adhérents dessous. Chez cette espèce, le dernier article du palpe maxillaire est élargi en triangle. Ces deux particularités sont sans doute liées au comportement sexuel. §

Proche Le **Carabe chagriné** (*C. coriaceus*), entièrement noir, a des élytres uniformément ridés. Très grand (LC 30-40 mm) §

Carabe irrégulier
Carabus irregularis · F. Carabidés

Dessus brun cuivré, élytres parsemés de fossettes (fovéoles) irrégulièrement réparties, à reflets métalliques.
LC 19-30 mm. Présent toute l'année.

Habitat : dans les forêts de montagne humides ; commun par régions.

À savoir ! La mandibule droite de cette espèce est élargie en forme de bosse à l'extérieur. Le Carabe irrégulier se nourrit sans doute préférentiellement d'escargots, dont il brise la coquille à l'aide de ses puissantes mandibules. §

Proche Chez le rare **Carabe grillagé** (*Carabus clathratus*), les fovéoles des élytres sont disposées en rangées longitudinales régulières. Il vit dans les zones humides et peut même plonger pour capturer de petites proies. §

Carabe doré
mangeant un ver de terre

bord
des ailes bleu

Carabe embrouillé

Carabe irrégulier

Grand Calosome
Calosoma sycophanta · F. Carabidés

Corps particulièrement large; élytres aux reflets chatoyants verts et rouges, décorés de fines côtes longitudinales.
LC 18-28 mm. Présent toute l'année.
Habitat : surtout dans les chênaies chaudes et claires; rare.
À savoir ! A la différence des espèces du genre *Carabus* (⇨ p. 86), le Grand Calosome est capable de voler et se tient volontiers dans les buissons, sur les troncs et à la cime des arbres. Il y chasse d'autres insectes, en particulier des chenilles de papillons de nuit. Lors de proliférations massives du Bombyx disparate, de la Nonne ou de la Processionnaire du chêne, il arrive en général rapidement sur place et peut alors également fortement proliférer. Il est capable de pénétrer dans les nids des chenilles de Processionnaires, qui sont évités par presque tous les animaux, et d'en retirer ses proies entre les fils de soie hérissés de poils urticants. Un seul carabe peut ainsi dévorer environ 400 chenilles par an.

Cychre
Cychrus caraboides · F. Carabidés

Élytres fortement bombés, pronotum nettement plus étroit, tête très étroite et prolongée vers l'avant.
LC 13-20 mm; entièrement noir. Présent toute l'année.
Habitat : dans les forêts humides; commun par régions.
À savoir ! Le Cychre est un prédateur d'escargots spécialisé. Grâce à son corps aminci à l'avant, il peut poursuivre l'escargot lorsque celui-ci se retire dans sa coquille après l'attaque. Il l'arrose ensuite de sucs gastriques avant d'aspirer les chairs liquéfiées du mollusque.

Proche Le **Cychre élancé** *(Cychrus attenuatus)* présente des bandes en forme de chaînes sur les élytres et des tibias brun-jaune.

Agone à tache dorsale
Platynus dorsalis · F. Carabidés

Face dorsale à reflet vert métallique, moitié antérieure des élytres brun-jaune.
LC 6-8 mm. Présent toute l'année.
Habitat : dans les milieux ouverts, p. ex. au bord des chemins, sur les prairies et dans les jardins; fréquent.
À savoir ! Ce coléoptère se nourrit d'autres insectes tels que pucerons et chenilles. Il hiverne souvent en grandes communautés sous les pierres, p. ex. en compagnie de Bombardiers.

Proche L'**Odacanthe mélanure** *(Odacantha melanura)* présente un corps nettement plus étroit et la surface claire de ses élytres est beaucoup plus étendue. Elle vit principalement sur les rives des eaux dormantes.

Bombardier
Brachinus crepitans · F. Carabidés

Élytres vert ou bleu métallique, reste du corps, y compris les pattes, orangé.
LC 6-10 mm. Présent toute l'année.
Habitat : dans les endroits chauds et ouverts, surtout sur les prés secs à végétation éparse; commun par endroits.
À savoir ! Le Bombardier se défend de manière efficace au moyen d'un gaz détonant nettement audible. Il produit, dans des glandes paires et séparées situées dans l'abdomen, un mélange d'hydroquinone, de methylhydroquinone et de peroxyde d'hydrogène. En cas de danger, il mélange ces produits dans une sorte de « chambre de combustion » avec des enzymes, ce qui entraîne une explosion. Les quinones ainsi produites sont expulsées du bout de l'abdomen sous forme de fumée corrosive capable de mettre en fuite des assaillants tels qu'autres coléoptères ou fourmis. Même les crapauds recrachent en général rapidement les Bombardiers qu'ils ont happés.

Grand Calosome

tête
et pronotum
étroits

Cychre

Agone à tache dorsale

tête et prono-
tum rouges

Bombardier

Dytique bordé
Dytiscus marginalis · F. Dytiscidés

Face dorsale vert noirâtre, côtés externes des élytres et du pronotum jaunes tout autour; élytres lisses chez le ♂ (grande photo à gauche), avec de profonds sillons longitudinaux chez la ♀ (grande photo à droite).
LC 27-35 mm; chez le ♂, les articles 1-3 des tarses des pattes antérieures sont en outre élargis en forme de palette et munis de 2 grandes et de nombreuses petites ventouses. Présent toute l'année.
Habitat : généralement commun dans les eaux dormantes riches en plantes.
À savoir ! Le Dytique bordé peut atteindre l'âge de 5 ans. Il se nourrit de petits animaux aquatiques ainsi que de charognes. Pour l'accouplement, le mâle s'accroche au pronotum de la femelle à l'aide des ventouses de ses pattes antérieures. Après l'accouplement, la femelle insère les œufs dans les tiges et les feuilles des plantes aquatiques au moyen de son oviposteur.

La larve (petite photo), très allongée, pend généralement à la surface de l'eau avec le corps courbé en forme de « S », le bout de l'abdomen avec l'orifice respiratoire dépassant alors quelque peu de l'eau. Avec ses pattes garnies de longues soies et en s'aidant de brusques battements de l'abdomen, elle est cependant aussi capable de nager librement dans l'eau. Elle possède de longues mandibules en forme de sabre, avec lesquelles elle saisit ses proies et les tue au moyen d'un suc gastrique. Les éléments dissous sont ensuite aspirés à travers un canal logé dans les mandibules. Les larves sont très intolérantes entre elles et se déciment mutuellement dès qu'elles se rencontrent. À la fin de leur développement, elles se creusent une cavité dans la berge, dans laquelle elles se nymphosent.

Cybister à côtés bordés
Cybister lateralimarginalis · F. Dytiscidés

Pronotum bordé de jaune uniquement sur les côtés, ventre orangé; ♂ (grande photo) avec élytres lisses et ventouses sur les tarses antérieurs, comme chez le Dytique bordé.
♀ (petite photo en bas) avec élytres régulièrement grenelés. LC 30-37 mm. Présent toute l'année.
Habitat : dans les étangs et les mares propres et riches en plantes; devenu rare presque partout au cours des dernières années.
À savoir ! Le Cybister nage encore plus élégamment que le Dytique. Sur ses pattes postérieures transformées en rames, le tibia est particulièrement court, et les articles des tarses portent des soies natatoires beaucoup

Ce coléoptère semble se nourrir de préférence d'escargots d'eau. Il enfonce profondément sa tête dans la coquille auriculiforme des limnées et arrache des morceaux du corps du mollusque.
La larve (petite photo en haut) possède un corps moins aminci vers l'arrière que la larve du Dytique bordé, et sa tête est nettement plus petite. Comme celle-ci, elle se nourrit principalement de larves d'insectes et de larves d'amphibiens. §

plus longues. Les soies se collent ensemble lors de la nage en avant et s'écartent largement lors des mouvements de propulsion.

Proche Chez *Dytiscus semisulcatus* également, seuls les côtés du pronotum sont bordés de jaune, mais il a un ventre noir. L'espèce vit de préférence dans les eaux marécageuses. §

patte natatoire

Dytique bordé

bord jaune seulement
sur les côtés du pronotum

Cybister à côtés bordés

Acilie sillonné
Acilius sulcatus · F. Dytiscidés

Dytiscidé assez large et aplati. Élytres finement marbrés, lisses chez le ♂ (photo), avec de larges sillons longitudinaux poilus chez la ♀.
LC 15-18 mm. Présent toute l'année.
Habitat : généralement fréquent partout dans les eaux dormantes de faible superficie.
À savoir ! Comme celui du Dytique bordé (⇨ p. 90), le mâle possède des tarses antérieurs élargis, garnis de ventouses dessous, qui lui permettent de s'accrocher à la femelle lors de l'accouplement. La larve (petite photo) possède une partie antérieure du corps très mince et une tête particulièrement petite,

munie de pinces suceuses courtes. Elle nage très adroitement avec ses pattes, mais peut aussi se déplacer de façon saccadée par des battements de l'abdomen. Elle se nourrit de petits animaux, p. ex. de daphnies.

Colymbète brun
Colymbetes fuscus · F. Dytiscidés

Élytres avec un réseau dense de fines cannelures transversales foncées ; face ventrale jaune au bord, sinon noire.
LC 16-17 mm. Juil.-mai.
Habitat : dans les eaux dormantes de faibles dimensions, souvent en compagnie de l'Acilie sillonné ; fréquent presque partout.
À savoir ! Les articles des tarses antérieurs ne sont que peu élargis chez le mâle du Colymbète brun. Leur face inférieure porte de nombreuses petites ventouses, mais sans grandes ventouses intercalées.

Proche L'espèce *Colymbetes paykulli* est un peu plus grande, a une face ventrale entièrement noire. Elle vit dans les eaux marécageuses.

Hyphydre ovale
Hyphydrus ovatus · F. Dytiscidés

Uniformément roux, de forme pour ainsi dire sphérique.
LC 4-5 mm. Présent toute l'année.
Habitat : surtout dans les petites mares riches en plantes ; fréquent presque partout.
À savoir ! Comme la plupart des espèces de sa famille, l'Hyphydre ovale hiverne au stade d'imago. Comme tous les Dytiscidés, il emporte avec lui une réserve d'air, qu'il renouvelle de temps en temps en perçant la surface de l'eau du bout de l'abdomen. Alors que la plupart des autres coléoptères aquatiques stockent l'ensemble de leur réserve d'air sous les élytres, l'Hyphydre ovale emporte en outre toujours une petite bulle d'air au bout de l'abdomen.
La larve est courte et large et présente des bandes transversales blanchâtres sur son corps brun. Elle se déplace principalement en rampant entre les plantes aquatiques et se nourrit de préférence de daphnies et d'autres petits crustacés.

Platambus tacheté
Platambus maculatus · F. Dytiscidés

Pronotum avec bande transversale noire devant et derrière, et blanche et brune entre les deux.
LC 7-9 mm ; élytres avec taches noires sur fond brun-jaune. Présent toute l'année.
Habitat : Contrairement à presque tous les autres coléoptères aquatiques, l'espèce apparaît toujours dans les eaux agitées, aussi bien dans les ruisseaux que le long des rives des grands lacs ; assez fréquent.
À savoir ! Ce coléoptère présente des dessins très variables. Dans les cas extrêmes, le dessin noir est réduit à une bande longitudinale le long de la ligne de jonction des élytres et une autre au milieu de chaque aile, ou alors la couleur de fond claire est complètement submergée. L'espèce se distingue cependant facilement des autres Dytiscidés qui lui ressemblent par son habitat. La larve, très allongée et s'amincissant vers l'arrière, porte une bande transversale foncée et ondulée entre les yeux.

bande
jaune

Acilie sillonné

Colymbète brun

bulle d'air

Hyphydre ovale   hiverne en partie dans
l'eau, en partie sur terre

bande
transversale
blanche
et brune

Platambus tacheté

Gyrin à peine strié
Gyrinus substriatus · F. Gyrinidés

Corps fuselé, se terminant légèrement en pointe, face dorsale lisse et glabre.
LC 5-7 mm. Présent toute l'année.
Habitat : à la surface des plans d'eau ; assez fréquent.
À savoir ! Les articles des tarses des pattes médianes et postérieures sont transformés en petites plaques minces. Celles-ci se superposent à la manière d'un éventail que l'on referme lors de la nage en avant, mais s'écartent lors des mouvements de propulsion. Le Gyrin parvient ainsi à convertir 84 % de l'énergie dépensée en propulsion. Les yeux à facettes sont divisés en deux parties, l'une des moitiés se trouvant sous la surface de l'eau, l'autre au-dessus.

Proche L'**Orectochile velu** (*Orectochilus villosus*) est densément velu.

Petit Hydrophile
Hydrochara caraboides · F. Hydrophilidés

Noir avec un léger reflet métallique, face ventrale du métathorax avec courte épine dirigée vers l'arrière.
LC 14-19 mm. Août-juin.
Habitat : dans les eaux dormantes riches en plantes ; en général commun.
À savoir ! En nageant avec des mouvements alternatifs de ses pattes postérieures, le Petit Hydrophile paraît beaucoup plus maladroit que les Dytiscidés (qui rament toujours avec des mouvements synchrones des pattes postérieures). Au printemps, la femelle dépose ses œufs dans un cocon de soie blanc flottant à la surface de l'eau. Le cocon, presque toujours recouvert d'une feuille, est surmonté d'une longue « cheminée » permettant la respiration (petite photo). Alors que l'imago se nourrit de plantes aquatiques, la larve (grande photo à

droite) mange d'autres petits animaux aquatiques. Elle soulève ses proies hors de l'eau, les arrose de sucs gastriques puis en aspire les chairs liquéfiées.

Grand Hydrophile
Hydrophilus piceus · F. Hydrophilidés

Face ventrale de l'abdomen carénée en forme de toit, dessous du métathorax se terminant en une longue épine pointue dirigée vers l'arrière.
LC 34-50 mm. Présent toute l'année.
Habitat : dans les eaux dormantes riches en plantes ; devenu rare.
À savoir ! Cet imposant coléoptère était autrefois pourchassé, car on le considérait comme un nuisible pour les poissons. On pensait alors qu'il se servait de son épine pour piquer et tuer les poissons avant de les dévorer. Il ne se nourrit cependant que de plantes aquatiques et accessoirement de charognes. L'air qu'il emporte pour respirer est stocké sous les élytres ainsi que dans les poils qui garnissent sa face ventrale, ce qui donne à cette dernière une teinte argentée brillante. Pour renouveler sa réserve d'air, il sort le dessus de la tête et du

pronotum hors de l'eau. La larve, plutôt lourdaude, atteint 7 cm de longueur (petite photo), elle se nourrit d'escargots d'eau. §

Gyrin à peine strié
nageant à la surface de l'eau

Petit Hydrophile
imago (à gauche) et larve en train de manger (à droite)

couche d'air argentée

Grand Hydrophile

Staphylin à raies d'or
Staphylinus caesareus · F. Staphylinidés

Face dorsale noire avec élytres roux et taches de poils dorés sur le pronotum et les côtés de toutes les plaques dorsales de l'abdomen.
LC 17-25 mm. Mai-août.
Habitat : dans les milieux ouverts, p. ex. au bord des chemins, sur les prairies et les prés secs.
À savoir ! Avec près de 2000 espèces indigènes, les Staphylinidés sont la famille de coléoptères la plus riche en espèces d'Europe moyenne. La plupart des espèces, dont le Staphylin à raies d'or, sont d'assez bons voiliers malgré leurs élytres fortement raccourcis. (Les ailes postérieures manquent surtout chez les espèces alpines ; certaines espèces présentent en outre des individus capables de voler et d'autres non). Au repos, les ailes postérieures membraneuses sont repliées à plusieurs reprises et cachées sous les élytres, mais elles peuvent être déployées en une fraction de seconde en cas de nécessité. Pour les replier, l'insecte les pousse sous les élytres à l'aide de rapides mouvements de rotation du bout de l'abdomen. Contrairement à la plupart des représentants de sa famille, le remarquable Staphylin à raies d'or est principalement actif de jour. Aussi bien l'imago que la larve se nourrissent d'autres insectes ainsi que de vers de terre et de gastéropodes.

Proche Chez *Parabemus fossor* (photo), les élytres ainsi que le pronotum sont roux, et les segments abdominaux portent une tache dorée supplémentaire au milieu de chaque segment.

Staphylin à deux taches
Stenus bimaculatus · F. Staphylinidés

Staphylinidé très mince et allongé, avec des yeux particulièrement grands ; élytres avec point rouge.
LC 6-7 mm. Présent toute l'année.
Habitat : dans les endroits humides, généralement semi-ombragés, en particulier au bord de l'eau ; assez fréquent partout.
À savoir ! Ce Staphylinidé très agile fait lui aussi partie des espèces actives de jour. Il pourchasse d'autres petits insectes, de préférence les Collemboles, qu'il fixe avec ses grands yeux hémisphériques avant de les saisir avec ses pièces buccales particulières. Le labium est en effet transformé en une sorte de langue télescopique, qui grâce à une brusque augmentation de la pression sanguine peut être projetée en avant jusqu'à environ la moitié de la longueur du corps de l'insecte. À son extrémité se trouvent des coussinets collants, auxquels la proie reste collée afin d'être ensuite amenée aux mandibules.

Claviger
Claviger longicornis · F. Staphylinidés

Corps s'amincissant fortement vers l'avant, tête environ deux fois aussi longue que large.
LC 2,5-3 mm ; avec une touffe de poils jaune derrière des élytres en forme d'écailles. Avril-juin
Habitat : exclusivement dans les fourmilières des fourmis de l'espèce *Lasius umbratus* ; assez rare.
À savoir ! Sous ses touffes de poils jaunes, ce minuscule coléoptère sécrète une substance qui s'accumule dans une petite fosse dorsale, que les fourmis lèchent avec avidité. On suppose que ce produit agit sur elles comme une drogue. En contrepartie, le coléoptère est nourri et, en cas de danger, guidé en lieu sûr par les antennes.

Proche L'espèce *Claviger testaceus*, encore plus petite (LC 2-2,5 mm), possède des antennes plus courtes et nettement plus épaisses.

taches
de poils dorés

Staphylin à raies d'or

grands yeux

Staphylin à deux taches

Claviger

Nécrophore commun
Necrophorus vespillo · F. Silphidés

Noir avec 2 bandes transversales orangées, élytres n'atteignant pas tout à fait le bout de l'abdomen.
LC 12-22 mm. Présent toute l'année.
Habitat : assez fréquent dans les lisières forestières et dans les milieux ouverts.
À savoir ! Le Nécrophore commun se développe dans les cadavres de petits animaux. Lorsqu'un mâle découvre une souris morte par exemple, il grimpe sur la tige d'une plante, relève l'abdomen et attire une femelle en émettant des phéromones. Le couple creuse la terre sous le cadavre, enfouit ce dernier dans le sol, puis le roule en boule dans une petite cavité. La femelle creuse ensuite une galerie latérale et y dépose ses œufs. Après l'éclosion des larves, la femelle les nourrit de bouche à bouche avec de la nourriture prédigérée, en se tenant sur la boule de charogne. Les larves ne commencent à se nourrir de façon indépendante qu'après la dernière mue larvaire.

Silphe à corselet rouge
Oeceoptoma thoracicum · F. Silphidés

Corps très large et aplati, tête au contraire très étroite ; pronotum rouge.
LC 12-16 mm. Présent toute l'année.
Habitat : dans les milieux les plus divers ; assez fréquent partout.
À savoir ! À l'instar du Nécrophore commun, le Silphe à corselet rouge, impossible à confondre grâce à son pronotum rouge, se nourrit principalement de charognes, mais aussi de champignons pourrissants et d'excréments.

Proche Le **Silphe noir** (*Phosphuga atrata*), qui fait également partie des Silphidés, possède un corps de forme identique, mais est entièrement noir. Contrairement à la plupart des espèces de cette famille, il se nourrit presque exclusivement d'escargots.

Petit Ver luisant
Lamprohiza splendidula · F. Lampyridés

♂ **normalement ailé, rappelant un Cantharide (⇨ p. 100), pronotum avec fenêtre translucide, la tête avec les grands yeux étant cachée dessous.**
♀ d'aspect larvaire, blanchâtre, avec de minuscules moignons d'ailes. LC 8-10 mm. Juin-juil.
Habitat : dans les forêts et buissons légèrement humides, plus rare au Nord de l'Europe.
À savoir ! Les individus des deux sexes peuvent produire une lumière verte dans des organes spéciaux. Ceux-ci sont situés sur la face ventrale, peu avant le bout de l'abdomen chez le mâle (grande photo à gauche). La femelle possède en plus des organes lumineux sur les côtés d'autres segments abdominaux (petite photo en haut). La lumière naît lorsque les insectes mettent en contact deux substances produites dans leur corps : une protéine, la luciférine et une enzyme, la luciférase. Indépendamment des conditions météorologiques, les vers luisants luisent toujours de la fin du crépuscule jusque

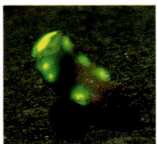

peu après minuit. Les femelles posées au sol attirent ainsi les mâles qui volent activement de tous côtés. Même les œufs, pondus peu après l'accouplement, luisent un peu. Les larves, gris foncé et en forme de cloporte, se nourrissent d'escargots et luisent légèrement elles aussi.

Proche Chez le **Ver luisant** (*Lampyris noctiluca*), seule la femelle (photo), aptère et de couleur assez foncée, émet de la lumière.

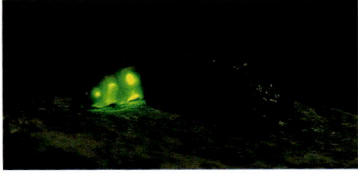

Nécrophore commun

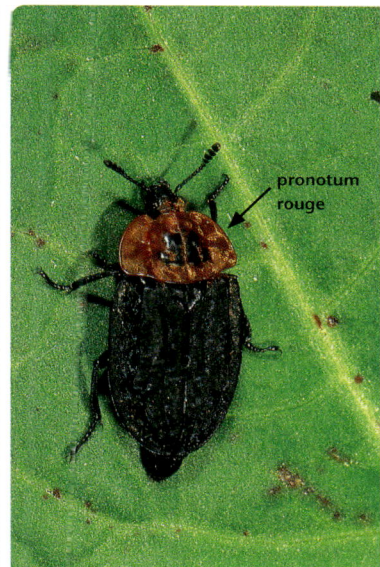

pronotum
rouge

Silphe à corselet rouge

organe
lumineux

Petit Ver luisant

Hister à quatre taches
Hister quadrimaculatus · F. Histéridés

Corps très large et très sclérifié; élytres s'arrêtant nettement avant le bout de l'abdomen.
LC 7-11 mm; noir avec une bande rouge arquée, qui peut aussi être divisée en 2 taches. Présent toute l'année.
Habitat : dans les milieux ouverts, surtout dans les endroits chauds; commun.
À savoir ! Ce coléoptère se rencontre sur le fumier, en particulier sur les bouses de vache et le crottin de cheval. Il se nourrit d'insectes et de leurs larves vivant sur le fumier, surtout d'asticots de diptères.

Malachie à deux points
Malachius bipustulatus · F. Malachiidés

Coléoptère vert vif, assez mou, avec des élytres légèrement entrouverts, marqués d'un point rouge à l'arrière.
LC 5-6 mm. Mai-août.
Habitat : dans les buissons ou sur les plantes en fleurs des milieux chauds et ouverts; commun dans la plupart des régions.
À savoir ! Ce coléoptère se nourrit de pollen, peut-être aussi de petits insectes. Lors de la parade nuptiale, le mâle (photo), qui se reconnaît à l'élargissement des articles antennaires 2-4, sécrète sur sa tête une substance qui est léchée par la femelle.

Téléphore obscur
Cantharis obscura · F. Cantharidés

Corps assez mou, presque entièrement noir excepté les côtés orangés du pronotum.
LC 9-13 mm. Mai-août.
Habitat : fréquent dans les lisières forestières et sur les prairies.
À savoir ! Ce coléoptère vit principalement dans les buissons et se nourrit de petits insectes. La larve, grise et également prédatrice, est aussi active en hiver et s'observe parfois sur la neige. Le T. obscur ressemble au T. sombre *C. fusca*, chez qui le pronotum rouge porte une tache foncée à l'avant.

Téléphore fauve
Rhagonycha fulva · F. Cantharidés

Corps mou, rouge rouille, avec des élytres brun-jaune tachetés de noir aux extrémités.
LC 7-10 mm. Juin-août.
Habitat : très fréquent dans les forêts et dans les milieux ouverts, aussi dans les jardins.
À savoir ! Le T. fauve est l'un des coléoptères les plus fréquents qui soient. Ces insectes se tiennent souvent en troupes sur les Apiacées et d'autres plantes en fleurs, où ils se nourrissent de pollen, mais sans doute aussi d'autres insectes. L'accouplement (photo) dure plusieurs heures.

Taupin
Ctenicera sp. · F. Élatéridés

Corps plutôt étroit, à reflets métalliques; antennes du ♂ (photo) nettement pectinées.
LC 12-18 mm. Mai-août.
Habitat : sur les prés secs et les prairies de montagne ensoleillées; commun dans les régions montagneuses.
À savoir ! Les Taupins possèdent un mécanisme spécial leur permettant de se projeter brusquement en l'air quand ils sont tombés sur le dos. Une pointe logée dans un creux entre deux segments thoraciques est déverrouillée lorsque l'insecte arque son dos.

Sélatosome
Selatosomus cruciatus · F. Élatéridés

Pronotum noir avec 2 bandes longitudinales rouges, élytres brun clair avec dessin en forme de croix.
LC 10-14 mm. Mai-juil.
Habitat : dans les stations humides; peu fréquent.
À savoir ! Dans ses stations, ce Taupin aux couleurs et dessins caractéristiques s'observe parfois en grand nombre dans les buissons ou sur le bois mort. Sa larve, mince et assez fortement chitinisée, appelée « Ver fil de fer », se développe sur les racines des plantes herbacées. §

élytres raccourcis

Hister à quatre taches

extrémité des élytres rouge

Malachie à deux points

Téléphore obscur

Téléphore fauve

antenne pectinée

Taupin

dessin en croix

Sélatosome

Clairon commun
Trichodes alvearius · F. Cléridés

Corps recouvert d'une forte pilosité, dessus bleu-noir, élytres rouge vif avec 3 bandes transversales foncées.
LC 10-17 mm. Mai-juil.
Habitat : dans les milieux chauds et secs, surtout dans les prairies sèches ; peu fréquent.
À savoir ! Ce coléoptère se rencontre souvent sur les fleurs, en particulier les ombellifères, où il se nourrit de pollen et probablement aussi de petits insectes. Sa larve se développe dans les nids des abeilles sauvages, d'où ses autres noms de « Trichode des ruches » et « Clairon des abeilles ».

Clairon des fourmis
Thanasimus formicarius · F. Cléridés

Coléoptère noir et rouge, recouvert d'une pilosité hérissée, élytres avec 2 bandes dentelées blanches.
LC 7-11 mm. Présent toute l'année.
Habitat : principalement dans les forêts de conifères ; assez fréquent partout.
À savoir ! Le coléoptère comme sa larve se nourrissent presque exclusivement de Bostryches et de leurs larves. L'espèce s'avère donc extrêmement utile, mais comme elle s'oriente avec les phéromones de ses proies, elle est souvent victime des pièges à Bostryches utilisant des phéromones.

Grand Bupreste du pin
Chalcophora mariana · F. Buprestidés

Corps large et plat, s'amincissant nettement vers l'arrière ; noir avec un fort reflet cuivré.
LC 24-30 mm ; face dorsale avec sillons longitudinaux recouverts d'écailles grises. Mai-août
Habitat : dans les pinèdes, surtout sur sols sablonneux ; assez rare.
À savoir ! Ce plus grand Buprestidé indigène prend volontiers le soleil sur les troncs de pins fraîchement abattus. La larve (grande photo à droite) possède un corps très mince, qui s'élargit et s'aplatit nettement dans sa partie antérieure. Elle se développe sous l'écorce des pins et se nymphose au bout de la galerie qu'elle creuse, dans une loge nymphale plate et ovale (petite photo ci-dessous). Peu avant l'éclosion du coléoptère, on reconnaît déjà sa couleur foncée métallique. §

Bupreste à huit taches
Buprestis octoguttata · F. Buprestidés

Bleu métallique éclatant, élytres avec généralement 4 taches jaunes en forme d'ovales obliques.
LC 9-18 mm. Mai-août.
Habitat : en lisière des pinèdes sablonneuses et sur les Pins mugos des zones marécageuses.
À savoir ! Ces coléoptères se rencontrent généralement par temps chaud à proximité des arbres qui les hébergent, mais ils s'envolent au moindre dérangement. Leurs larves xylophages creusent des galeries et se développent dans les souches de pins et dans le bois mort. §

Anthaxie brillante
Anthaxia nitidula · F. Buprestidés

♂ en général uniformément vert métallique, ♀ (photo) avec tête et pronotum rouges.
LC 5-7 mm. Mai-juil.
Habitat : lisières ensoleillées, haies ; assez commune en Eur. moy., plus rare au Nord.
À savoir ! Contrairement à la plupart des espèces apparentées, ce petit bupreste agile s'observe souvent en train de visiter les fleurs, les Rosacées en particulier. La larve se développe sous l'écorce des rosiers, prunelliers et des arbres fruitiers, pouvant leur causer des dégâts. §

Clairon commun

bandes blanches

Clairon des fourmis

Grand Bupreste du pin

avant du corps élargi

pronotum rouge

Bupreste à huit taches

Anthaxie brillante
visite de préférence les fleurs jaunes

Coccinelle à sept points
Coccinella septempunctata · F. Coccinellidés

Élytres rouges, avec 7 points noirs au total.
LC 5-8 mm. Présente toute l'année.
Habitat : fréquente partout, aussi souvent dans les habitations.

À savoir ! La C. à sept points est appréciée comme consommatrice de pucerons. Non seulement le coléoptère lui-même, mais aussi ses larves, gris-bleu avec des taches jaunes (petite photo), qui se nourrissent presque uniquement de pucerons. Une coccinelle a besoin d'environ 600 proies pour son développement. Elle ne supporte cependant pas toutes les espèces de pucerons ; le Puceron du sureau (⇨ p. 66), p. ex., lui est fatal.

> **Proche** La **C. à deux points** (*Adalia bipunctata*), un peu plus petite, n'a que 2 points noirs.

Coccinelle zébrée
Neomysia oblongoguttata · F. Coccinellidés

Élytres rouge-brun, avec des taches jaune clair allongées et d'étroites bandes longitudinales de même couleur.
LC 6-8 mm. Présente toute l'année.
Habitat : fréquente presque partout dans les forêts de conifères.
À savoir ! Cette Coccinelle impossible à confondre fait partie des plus grandes espèces de sa famille. On la trouve exclusivement sur les conifères, où elle se nourrit des pucerons en train de pomper la sève des rameaux.

> **Proche** La **Coccinelle à ocelles** (*Anatis ocellata*) devient encore un peu plus grande (jusqu'à 9 mm). Elle a des élytres rouges avec des points noirs entourés d'un halo clair et consomme également les pucerons des conifères.

Coccinelle à vingt-deux points
Thea vigintiduopunctata ·
F. Coccinellidés

Face dorsale jaune, avec de nombreux points noirs sur le pronotum et les élytres.
LC 3-5 mm. Présente toute l'année.
Habitat : fréquente partout dans les lisières forestières, les milieux ouverts et dans les jardins.
À savoir ! Cette petite coccinelle difficile à confondre ne se nourrit pas de pucerons, mais de champignons microscopiques tels que les rouilles et les oïdiums, qui sont des agents phytopathogènes redoutés dans les cultures de plantes. Son utilité est cependant douteuse et on la soupçonne au contraire de répandre les spores des champignons.
Outre cette espèce, il existe d'autres coccinelles qui dédaignent les pucerons. La Coccinelle de la bryone *Henosepilachna argus*, par exemple, qui est fréquente dans la région méditerranéenne, est exclusivement phytophage.

Coccinelle à treize points
Hippodamia tredecimpunctata ·
F. Coccinellidés

Corps un peu plus allongé que chez la plupart des coccinelles, élytres rouges avec points noirs.
LC 5-7 mm. Présente toute l'année.
Habitat : sur les rives des cours d'eau, les prairies humides et dans les clairières humides ; généralement commune.
À savoir ! Cette coccinelle se tient volontiers sur les plantes poussant dans l'eau (p. ex. la Sagittaire à feuilles en flèche ou le Plantain d'eau) ou sur les buissons de saules. Elle y chasse les pucerons en compagnie de ses larves noires tachetées de jaune. À côté d'individus au dessin habituel, on en observe parfois d'autres qui possèdent des élytres uniformément rouges, ou avec des points noirs plus nombreux ou formant un dessin foncé plus ou moins lié. Dans certains cas extrêmes, les élytres peuvent même être entièrement noirs.

Coccinelle à sept points

taches
claires

Coccinelle zébrée

points noirs éga-
lement
sur le pronotum

Coccinelle à vingt-deux points

Coccinelle à treize points

Ptine doré
Niptus hololeucos · F. Ptinidés

Corps fortement bombé, recouvert d'une dense pilosité couleur de laiton, tête presque entièrement cachée sous le pronotum.
LC 4-4,5 mm. Présent toute l'année.
Habitat : originaire d'Asie Mineure, aujourd'hui fréquent dans nos habitations, en particulier dans les anciennes maisons à colombages.
À savoir ! Ce coléoptère peu exigeant a besoin de très peu d'humidité. Il se nourrit volontiers de produits céréaliers et peut p. ex. vivre dans les rembourrages de paille des faux planchers.

Ptine bigarré
Ptinus fur · F. Ptinidés

Individus des deux sexes très différents : ♂ mince, brun uni, ♀ (photo) nettement bombée, avec 2 bandes transversales claires sur les élytres.
LC 3-4 mm. Présent toute l'année.
Habitat : fréquent dans les habitations, mais aussi dans les vieux nids d'oiseaux ou le bois vermoulu.
À savoir ! À l'instar du Ptine doré, le Ptine bigarré se nourrit souvent dans les provisions d'aliments et il a également la fâcheuse habitude de ronger les tissus. Mais les dégâts sont généralement minimes.

Dermeste du lard
Dermestes lardarius · F. Dermestidés

Corps en ovale allongé, couleur de fond noire ; moitié antérieure des élytres recouverte d'une pilosité gris jaunâtre, avec de petites taches foncées.
LC 7-9 mm. Présent toute l'année.
Habitat : régulièrement présent dans les habitations, dans la nature sur les cadavres desséchés et les nids de guêpes en décomposition.
À savoir ! Le D. du lard et sa larve très poilue se nourrissent principalement de restes de viande desséchés. On les utilise par conséquent pour préparer des squelettes d'animaux sans recourir aux produits chimiques.

Blaps géant
Blaps gigas · F. Ténébrionidés

Noir profond avec un léger reflet graisseux ; élytres se terminant en 2 pointes serrées l'une contre l'autre.
LC 32-38 mm. Présent toute l'année.
Habitat : dans les vieilles maisons et les ruines, ainsi que sous les grosses pierres, en région méditerranéenne ; parfois introduit en Europe moyenne.
À savoir ! Ce grand coléoptère se nourrit des déchets les plus divers. Lorsqu'on le dérange, il relève souvent le bout de l'abdomen en oblique ver le haut (photo), sans doute pour émettre un liquide de défense nauséabond.

Ténébrion meunier
Tenebrio molitor · F. Ténébrionidés

Coléoptère de couleur uniformément brun foncé à noir, rappelant fortement un Carabidé.
LC 12-18 mm ; comme chez tous les Ténébrionidés, un rebord plat sur les côtés de la tête, devant les yeux, recouvre la base des antennes (vu d'en haut). Présent toute l'année.
Habitat : dans les habitations, sur les produits à base de farine, occasionnellement dans le bois vermoulu ou dans des nids d'oiseaux.
À savoir ! La larve, appelée « Ver de farine » (photo à droite), est plus connue que l'imago. Elle est élevée à grande échelle comme nourriture pour les oiseaux d'ornement et les reptiles. On l'apprécie moins dans la cuisine, où elle s'attaque aux denrées à base de farine. La nymphe (petite photo) a la forme d'une

nymphe « libre », typique pour la plupart des coléoptères, avec les futurs membres et ailes plaqués au corps. L'adulte ne vole pas, car ses élytres sont soudés.

pilosité
dorée

Ptine doré

2 bandes transversales claires

Ptine bigarré

bande claire
avec taches foncées

Dermeste du lard

Blaps géant

Ténébrion meunier ou Ver de farine

Méloé violet
Meloe violaceus · F. Méloïdés

Corps mou, violet bleuâtre ; ailes fortement raccourcies, abdomen très enflé, en particulier chez la ♀ (grande photo).
LC 10-32 mm. Avril-juin.
Habitat : principalement dans les forêts claires ; rare.
À savoir ! Le Méloé violet rampe paresseusement et se nourrit de plantes. La femelle dépose plusieurs milliers d'œufs dans le sol. Les jeunes larves, très mobiles, grimpent sur les plantes et se rassemblent sur les fleurs (petite photo). De là, elles se laissent trans

porter par une abeille sauvage vers le nid, où elles muent en asticots presque immobiles qui se nourrissent du pollen et du nectar apporté par les abeilles. §

Cantharide officinale
Lytta vesicatoria · F. Méloïdés

Coléoptère assez mou, vert métallique ; bout de l'abdomen dépassant légèrement les ailes.
LC 9-21 mm. Juin-juil.
Habitat : dans les buissons des endroits particulièrement chauds ; plus fréquent dans la région méditerranéenne.
À savoir ! Le coléoptère se nourrit en particulier de feuilles de frênes. Sa larve connaît le même développement parasitaire dans les nids des abeilles sauvages que la larve du Méloé violet. Comme les autres espèces de cette famille de coléoptères, la C. officinale contient une substance très toxique dans son sang, la cantharidine. Ces insectes étaient autrefois récoltés dans les pays méridionaux pour en extraire de quoi préparer un aphrodisiaque ou une potion empoisonnée. Curieusement, certaines espèces de diptères et de coléoptères sont fortement attirées par le sang de ces insectes. Elles accourent dès qu'un Méloïdé est écrasé et se délectent du liquide qui s'écoule.

Lagrie hérissée
Lagria hirta · F. Lagriidés

Corps noir avec élytres brun-jaune, entièrement recouvert de longs poils hérissés.
LC 7-10 mm. Mai-août.
Habitat : assez fréquente presque partout dans les prairies et les clairières.
À savoir ! Ce coléoptère discret, mais difficile à confondre en raison de sa pilosité, se nourrit de différentes plantes herbacées. Sa larve vit au sol et consomme des parties de plantes pourrissantes. Il appartient à une famille très pauvre en espèces qui, avec les Ténébrionidés (⇨ p. 106) et les autres espèces présentées sur cette page, fait partie des coléoptères hétéromères, chez qui les tarses des deux paires de pattes antérieures sont composés de 5 articles et ceux de la paire de pattes postérieures de 4 articles. Beaucoup d'espèces de ce groupe font penser à des représentants d'autres familles de coléoptères, p. ex. les Carabidés, Cérambycidés, Chrysomélidés ou Curculionidés, et sont de ce fait souvent confondus.

Cardinal
Pyrochroa coccinea · F. Pyrochroïdés

Corps nettement aplati, tête, pattes et antennes noirs, pronotum et élytres rouge écarlate.
LC 14-18 mm. Juin-juil.
Habitat : assez fréquent dans les lisières forestières et les clairières.
À savoir ! Ce coléoptère spectaculaire s'observe souvent en été sur les fleurs des Apiacées. Sa larve, dont le corps est fortement aplati (petite photo), porte 2 robustes épines noires au bout de l'abdomen. On la trouve régulièrement sous l'écorce des arbres dépé

rissants, où elle se nourrit d'autres larves d'insectes. Lorsque la nourriture vient à manquer, les larves peuvent aussi se décimer entre elles. Le développement des larves du Cardinal s'étend sur 2-3 ans.

abdomen
très enflé →

Méloé violet

Cantharide officinale

élytres poilus

Lagrie hérissée

Cardinal

Hanneton commun
Melolontha melolontha · F. Mélolonthidés

Côtés de l'abdomen avec taches poilues blanches, triangulaires; antennes avec un grand éventail à 7 lamelles chez le ♂ (les deux photos), à 6 lamelles courtes chez la ♀.

LC 20-30 mm; pronotum généralement noir, élytres bruns, dernier segment abdominal prolongé en forme de langue. Mai-juin.

Habitat : fréquent certaines années dans les lisières forestières et dans les milieux ouverts.

À savoir ! La larve ronge les racines des plantes et peut s'avérer nuisible pour les plantes cultivées lors de proliférations massives. Comme l'espèce a besoin de 3-4 ans pour se développer, elle apparaît en plus grand nombre tous les 3 ou 4 ans (« années à hannetons »). Les coléoptères adultes occasionnent alors aussi des dégâts en défoliant les arbres. Les effectifs de Hannetons communs ont fortement reculé suite à l'utilisation intensive de l'insecticide DDT peu après la Seconde Guerre mondiale. Malheureusement, les ennemis naturels de l'espèce, par exemple les chauves-souris, ont alors également subi d'importants dommages. Après l'interdiction de l'utilisation du DDT, la densité de population de l'espèce a de nouveau augmenté, mais n'a plus jamais atteint un niveau susceptible de causer d'importants dégâts.

Proche Le **Hanneton des bois** *(Melolontha hippocastani)*, un peu plus rare, se distingue du H. commun par un pronotum généralement brun et un dernier segment abdominal élargi en bouton. Vit dans les bois, les haies, les parcs.

Hanneton foulon
Polyphylla fullo · F. Mélolonthidés

Antennes avec éventail composé de 7 lamelles très longues chez le ♂, de seulement 5 lamelles très courtes chez la ♀ (petite photo).

LC 25-36 mm; couleur de fond brun-noir ou brun-rouge, élytres avec taches feutrées blanches. Juil.-août.

Habitat : dans les pinèdes peu serrées sur sol sablonneux et sur les dunes de sable parsemées de pins; rare presque partout, un peu plus fréquent dans la région méditerranéenne.

À savoir ! En raison de ses mœurs principalement nocturnes, ce beau et grand hanneton n'est que rarement observé, même dans les endroits où il abonde. Le mâle porte toujours ses énormes lamelles antennaires superposées et fermées, et ne les ouvre pas en éventail comme le Hanneton commun. Étant donné que le sens olfactif des hannetons est situé dans les antennes, ces organes surdimensionnés facilitent sans doute le repérage des femelles.

La larve se développe sur les racines des graminées. L'adulte quitte son lieu de développement par une galerie de l'épaisseur d'un doigt, qu'il a lui-même creusée. Il se tient en fin de crépuscule à l'entrée de sa galerie et commence à « pomper » avec ses ailes afin de chauffer sa musculature alaire. Il émet alors un sifflement nettement audible et s'envole finalement vers la cime des pins avoisinants en bourdonnant bruyamment. Il se nourrit exclusivement d'aiguilles de pin, et seules les femelles retournent à terre par la suite pour pondre leurs œufs. En dehors de cela, ces coléoptères se soustraient largement à l'observation. De temps à autre, on peut observer des Hannetons foulons qui volent autour des sources lumineuses artificielles comme les réverbères. §

antenne
en éventail
à 7 lamelles

Hanneton commun

lamelles
très développées

Hanneton foulon

Hanneton de la Saint-Jean

Amphimallon solstitialis · F. Mélolonthidés.

Brun-jaune, recouvert sur tout le corps de poils de la même couleur.

LC 14-18 mm. Juin-juil.

Habitat : assez fréquent dans les lisières forestières, les jardins et les parcs.

À savoir ! L'espèce vole au crépuscule et peut former des essaims denses. Les larves, semblables à celles du H. commun, se développent sur les racines des plantes et peuvent occasionner des dégâts aux pelouses. Le développement des larves dure 2-3 ans.

Proche Chez le **Hanneton noir** (*Amphimallon atrum*), la femelle est brun-jaune et le mâle (photo) brun-noir. Cette espèce rare vit sur les prés secs et n'essaime que dans la matinée. §

Hanneton des jardins

Phyllopertha horticola · F. Mélolonthidés

Corps densément velu, noir avec un reflet métallique vert, élytres roux.

LC 8-12 mm. Juin-juil.

Habitat : fréquent partout dans les lisières forestières, sur les prairies et dans les jardins.

À savoir ! Le H. des jardins ou H. horticole s'observe souvent en troupes sur les plantes en fleurs (en particulier les roses), dont il ronge les étamines. La larve atteint 3 cm de longueur. Elle se développe sous terre en 1-2 ans sur des racines de plantes.

Proche Le **Hanneton écailleux** (*Hoplia farinosa*) est également vert-noir avec des élytres bruns. Son corps entier est cependant recouvert d'écailles vert clair, qui tombent par frottement avec le temps.

Cétoine dorée

Cetonia aurata · F. Mélolonthidés

Coléoptère entièrement vert doré, élytres avec un fin dessin de lignes transversales blanches.

LC 14-20 mm. Mai-oct.

Habitat : commun dans la plupart des régions sur les prés secs et dans les lisières forestières ensoleillées ; apparaît aussi dans les jardins.

À savoir ! Ce coléoptère impressionnant se rencontre surtout aux heures chaudes de midi sur les buissons en fleurs, en particulier les rosiers, le sureau ou certaines ombellifères. Il vole très bien, mais n'écarte alors pas ses élytres comme presque tous les autres coléoptères. Les élytres présentent en effet un étroit décrochement sur le bord externe, par lequel les ailes postérieures membraneuses sont déployées. Ce système permet manifestement au coléoptère de décoller très rapidement, car il s'envole généralement beaucoup plus soudainement que d'autres coléoptères lorsqu'on le dérange.

Sa larve, assez lourdaude (petite photo à gauche), se développe dans le bois vermoulu ou sur des restes de plantes en décomposition dans le sol. On la trouve aussi régulièrement dans les composts. Elle ne se déplace normalement pas avec ses courtes pattes, mais se tourne sur le dos et rampe comme un ver de terre en contractant et détendant successivement les différents segments abdominaux. À la fin de son développement, la larve se confectionne un solide cocon garni d'éléments du sol, dont l'intérieur est lissé à l'aide d'une sécrétion, dans lequel elle se transforme en nymphe (petite photo à droite). Le coléoptère fraîchement éclos hiverne généralement dans ce cocon. §

Hanneton de la Saint-Jean

pronotum
vert métallique

Hanneton des jardins

petites taches
claires

Cétoine dorée

Rhinocéros
Oryctes nasicornis · F. Scarabéidés

Brun roux à brun foncé brillant, ♂ (photo) avec longue corne céphalique recourbée vers l'arrière et une grosse crête transversale à l'arrière du pronotum.
♀ avec une petite protubérance céphalique et une dépression dans la partie antérieure du pronotum. LC 20-40 mm. Juin-août.
Habitat : chez nous principalement dans les jardins et les parcs ou dans les scieries ; assez rare ; en Eur. du S. notamment dans les forêts claires, où il est très fréquent par régions.
À savoir ! Cet imposant coléoptère est la seule espèce indigène faisant partie de la sous-famille, aujourd'hui souvent considérée comme une famille propre, des Scarabées-rhinocéros *Dynastinae*, dont les mâles portent souvent des excroissances extravagantes sur la tête et le pronotum. Chez le Rhinocéros, la longueur des excroissances est soumise à d'importantes variations individuelles ; les plus grands exemplaires présentent non seulement les plus longues cornes céphaliques dans l'absolu, mais aussi en proportion de la taille du corps. Les très petits mâles ne possèdent souvent qu'une minuscule protubérance, comme les femelles, et sont alors difficiles à distinguer de celles-ci.

La larve, qui mesure jusqu'à plus de 10 cm de long (petite photo), croît en 3-5 ans dans les tas de sciure ou de compost, où les processus de fermentation produisent la chaleur nécessaire à son développement. Elle se nymphose dans une loge de terre consolidée à l'aide d'une sécrétion, dont la forme et la taille correspondent à celles d'un œuf de poule.

Ce coléoptère principalement nocturne est souvent attiré par les réverbères et autres sources lumineuses, qu'il encercle en bour-  donnant bruyamment. Il percute alors souvent un objet et tombe au sol, se retrouve sur le dos et a beaucoup de mal à se remettre sur ses pattes. **§**

Géotrupe stercoraire
Geotrupes stercorosus · F. Géotrupidés

Coléoptère trapu au corps fortement bombé, noir avec un léger éclat bleu, élytres avec sillons longitudinaux.
LC 12-19 mm. Sept.-juil.
Habitat : fréquent partout dans les forêts et les lisières forestières.
À savoir ! Ces bousiers, principalement actifs de jour, sont monogames durant la période de reproduction (au printemps et en été). Ils repèrent les tas de crottes (outre les crottes animales ils adorent les excréments humains) d'après le parfum diffusé par le vent. Le mâle et la femelle commencent alors à creuser ensemble une galerie dans le sol, juste à côté de leur butin. Ils aménagent tout d'abord une galerie principale oblique d'environ 10 cm de profondeur, de laquelle bifurquent ensuite une série de galeries latérales, qui sont remplies de crottes sur une longueur d'environ 10 cm et garnies chacune d'un œuf.
Les larves qui en éclosent se nourrissent de la réserve de crottes. En automne, les jeunes coléoptères gagnent la surface, où ils se nourrissent d'excréments, mais aussi de champignons pourrissants ou de cadavres d'animaux. Sans cette fois coopérer avec un partenaire, ils établissent de courtes galeries alimentaires, dans lesquelles ils déposent des réserves pour quelques jours. Ils n'atteignent la maturité sexuelle qu'après l'hivernage.

Proche La femelle du **Minotaure** *(Typhaeus typhoeus)* est très ressemblante, alors que le mâle (photo ci-dessous) porte 3 cornes dirigées vers l'avant sur le pronotum. Il n'apparaît que dans les régions sablonneuses et creuse des galeries jusqu'à 1,50 m de profondeur, qu'il garnit de préférence de crottes de lapin et de mouton. On l'observe souvent déjà durant les jours d'hiver doux.

Rhinocéros
mâle avec corne céphalique

sillons longitudinaux
sur les élytres

Géotrupe stercoraire ou Bousier

Lucane cerf-volant
Lucanus cervus · F. Lucanidés

Avec un corps long de 25-75 mm, le plus grand coléoptère indigène; noir avec élytres brun-rouge, antennes coudées, derniers articles élargis en éventail.
Mandibules agrandies en forme de bois de cervidé chez le ♂ (grande photo), normales chez la ♀ (petite photo). Mai-août.
Habitat : dans les chênaies et les parcs; devenu rare presque partout de nos jours.
À savoir ! Les mâles de cette espèce impressionnent par leur taille et leurs mandibules transformées en puissantes pinces. Le coléoptère les emploie comme armes dans sa lutte pour les femelles, mais ne peut plus s'en servir pour s'alimenter. Les Lucanes se nourrissent de la sève qui s'écoule des arbres, qu'ils récoltent avec leurs autres pièces buccales transformées en pinceaux. Seules les femelles peuvent encore utiliser leurs mandibules pour par exemple agrandir les plaies sur les troncs, afin d'augmenter le flux de sève. Les mâles se joignent alors immédiatement à elles pour profiter de la source de nourriture qui coule à présent plus abondamment.
Après l'accouplement, la femelle s'enterre dans le sol et dépose ses œufs sur les racines des chênes vermoulus, plus rarement sur celles d'autres feuillus. Le développement des larves dure 5-8 ans, au bout desquels la larve peut atteindre une longueur de 12 cm. Elle se nymphose sous terre, dans une cavité pouvant atteindre la taille d'un poing. En Eur. du S., la durée de développement beaucoup plus courte de l'espèce produit des coléoptères nettement plus petits qu'en Eur. moy. §

Petite biche
Dorcus parallelepipedus · F. Lucanidés

Noir profond, tête du ♂ (grande photo) à peine plus étroite que le pronotum, avec de grandes mandibules.
Tête de la ♀ plus étroite et avec des mandibules plus petites. LC 19-32 mm. Mai-août.
Habitat : en partie commune dans les forêts de feuillus légèrement humides.
À savoir ! La larve (petite photo), qui peut atteindre 6 cm de longueur, se développe dans le bois vermoulu atteint de pourriture blanche de différents feuillus, surtout de hêtres, chênes, bouleaux et arbres fruitiers. Comme toutes les larves de Lucanidés, elle possède un appareil stridulatoire composé d'une plaque râpeuse située sur la face dorsale de la hanche de la patte médiane et d'une côte dentée sur l'avant du fémur de la patte postérieure. §

Chevrette bleue
Platycerus caraboides · F. Lucanidés

Fait penser à un Carabidé, mais reconnaissable comme Lucanidé à la forme typique de ses antennes.
LC 9-13 mm; vert ou bleu métalliques, éventail antennaire à 4 articles. Mai-juil.
Habitat : surtout dans les forêts de feuillus; commune dans la plupart des régions.
À savoir ! La larve se développe dans le bois vermoulu, p. ex. dans les souches ou les branches mortes de feuillus, plus rarement de conifères. §

Proche Le rare **Lucane** (*Ceruchus chrysomelinus*), dont la femelle (photo) surtout est ressemblante, n'a que 3 articles à l'éventail antennaire.
Le mâle possède des mandibules fortement agrandies. §

Lucane cerf-volant
mâle avec mandibules en forme de bois de cervidé

Petite biche
tête du mâle très large

Chevrette bleue

Ergate forgeron
Ergates faber · F. Cérambycidés

Avec un corps long de 25-60 mm, le plus grand Cérambycidé indigène; brun foncé.
Pronotum avec plusieurs petites dents sur les côtés, antennes plus longues que le corps chez le ♂, atteignant à peu près la moitié de la longueur de l'aile chez la ♀ (photo). Juil.-sept.
Habitat: dans les pinèdes, généralement dans les milieux plus ouverts; rare partout, un peu plus fréquent en Eur. moy. orientale.
À savoir! Ce coléoptère actif au crépuscule et de nuit passe généralement la journée caché dans les galeries de sa larve. Celle-ci se développe de préférence dans les grosses souches de pins en début de décomposition, parfois dans celles d'épicéas, jamais dans les arbres vivants. On reconnaît facilement les abris de l'Ergate aux trous de sortie en ovales verticaux, de l'épaisseur d'un pouce. Les larves atteignent 10 cm de long après plusieurs années de développement. La nymphe occupe le bout de la galerie, près de la surface du bois. **§**

Rosalie des Alpes
Rosalia alpina · F. Cérambycidés

Élytres avec un feutrage gris-bleu à bleu clair, tacheté de noir.
LC 15-38 mm; antennes atteignant presque le double de la longueur du corps chez le (grande photo), de la longueur du corps chez la (petite photo). Juil.-sept.
Habitat: dans les forêts de montagne des Alpes et du Jura souabe; très rare.
À savoir! La larve se développe surtout dans le bois de hêtre. La femelle pond de préférence ses œufs dans les troncs couchés. En raison de leur développement sur plusieurs années, les larves n'y ont cependant guère de chances de survie. **§**

Grand Capricorne
Cerambyx cerdo · F. Cérambycidés

Brun-noir avec pointes des élytres plus claires; pronotum très ridé, avec épines pointues sur les côtés; corps s'amincissant nettement vers l'arrière.
LC 24-53 mm; antennes nettement plus longues que le corps chez le ♂ (photo), à peu près de la longueur du corps chez la ♀. Mai-août.
Habitat: dans les forêts et les parcs avec chênes âgés, en particulier dans les forêts alluviales, devenu très rare partout ces dernières années.
À savoir! Cet imposant coléoptère fait partie des insectes indigènes les plus impressionnants. Il passe généralement la journée caché dans les galeries de sa larve, qu'il ne quitte qu'à la tombée de la nuit. Pour se nourrir, il recherche de préférence des troncs de chênes blessés, dont il lèche la sève qui s'écoule.
Les larves se développent dans les troncs de gros chênes âgés, dont elles rendent le bois largement inutilisable à cause des galeries qu'elles creusent. Les chênes attaqués ne dépérissent cependant pas tout de suite, mais restent marqués comme « chênes à capricornes » pendant des décennies. Et comme ils sont utilisés continuellement par les coléoptères, ils deviennent des vétérans criblés de toutes parts. **§**

Proche Le **Petit Capricorne** (*Cerambyx scopolii*), nettement plus petit (17-28 mm), est noir, mais sinon un petit sosie du Grand Capricorne. Il se développe dans différents feuillus et est fréquent dans certaines régions. **§**

Ergate forgeron

dessin noir

Rosalie des Alpes

Grand Capricorne
antennes du mâle presque deux fois aussi longues que le corps

Capricorne musqué
Aromia moschata · F. Cérambycidés

Couleur de fond verte, bleue ou cuivrée, métallique, pronotum avec des protubérances et une épine pointue de chaque côté.
LC 13-35 mm. Juin-août.

Habitat : dans les zones humides, mais aussi dans les milieux secs avec saules âgés ; autrefois assez fréquent, entre-temps devenue rare en maints endroits.

À savoir ! Ce beau coléoptère s'observe parfois en grand nombre sur ses arbres hôtes, surtout les vieux saules têtards. De temps à autre, il visite aussi les Apiacées. Il doit son nom à la sécrétion musquée émise par ses glandes abdominales.

Les larves vivent dans le tronc ou les branches de saules généralement âgés, exceptionnellement aussi de peupliers ou d'aulnes. Leur développement nécessite plusieurs années. Comme l'espèce s'attaque au bois vivant, elle était autrefois considérée comme nuisible. Mais compte tenu de sa rareté, les dégâts sont minimes. §

Capricorne des maisons
Hylotrupes bajulus · F. Cérambycidés

Face dorsale brun foncé avec pilosité grise formant 2 bandes transversales (souvent indistinctes) sur les élytres.
LC 8-22 mm. Juin-juil.

Habitat : commun dans les forêts de conifères, cependant beaucoup plus fréquent dans les charpentes des maisons.

À savoir ! Le Capricorne des maisons est le Cérambycidé économiquement le plus nuisible. Sa larve se développe dans le bois de conifère mort et sec, en particulier dans le bois de construction, utilisé p. ex. dans la charpente des maisons. Au cours de son développement, la larve creuse une longue galerie sinueuse juste sous la surface du bois, ne laissant au-dessus d'elle qu'une très fine couche de bois intact. Les coléoptères éclos, extrêmement discrets, ne sont pas particulièrement remarqués dans la maison et peuvent continuer à se reproduire sans entrave... Jusqu'à ce qu'un jour la charpente s'écroule.

Rhagie mordante
Rhagium mordax · F. Cérambycidés

Élytres avec chacun une tache noirâtre, qui est précédée et suivie par une bande transversale jaune indistincte.
LC 13-22 mm ; pronotum muni de part et d'autre d'une épine latérale, antennes assez courtes. Mai-août.

Habitat : assez fréquente partout dans les lisières forestières et les clairières.

À savoir ! La larve se développe juste sous l'écorce des arbres morts, principalement sur les feuillus (généralement des chênes et des hêtres), plus rarement sur les conifères. Son développement dure deux ans. Au dernier stade, elle se nymphose dans une spacieuse loge nymphale entourée de copeaux de bois, résidus du forage de la galerie, faisant penser

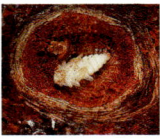

à un petit nid d'oiseau (petite photo). Le coléoptère achevé éclôt encore en automne et commence par hiverner dans cette loge.

Petit Molorque
Molorchus minor · F. Cérambycidés

Élytres très courts, bruns avec une bande blanchâtre en forme de virgule, ailes postérieures libres.
LC 6-16 mm ; fémurs nettement épaissis en massue ; antennes beaucoup plus longues que le corps chez le ♂ (photo), seulement à peine plus longues chez la ♀. Mai-juil.

Habitat : commun dans les clairières, les lisières forestières et le long des chemins forestiers.

À savoir ! La larve se développe dans le bois de conifère mort, généralement dans les branches sèches ou dans le tronc des jeunes plantes mortes. Elle établit sa galerie juste sous l'écorce, mais s'enfonce plus profondément dans le bois pour la nymphose.

Proche La très rare **Grande Nécydale** *(Necydalis major)* a aussi des élytres très raccourcis, mais sans dessin blanc. Elle est nettement plus grande (jusqu'à 32 mm). §

Capricorne musqué

dessin
de taches
indistinct

Capricorne des maisons

Rhagie mordante

élytres
très courts

Petit Molorque

Lepture à suture noire
Strangalia melanura · F. Cérambycidés

Élytres avec bande médiane et apex noirs, sinon brun-jaune chez le ♂ et rouges chez la ♀ (photo).
LC 6-9 mm ; corps très étroit. Mai-sept.
Habitat : très fréquente presque partout dans les lisières forestières et les clairières.
À savoir ! Ce petit coléoptère impossible à confondre se trouve souvent sur les plantes en fleurs, p. ex. sur les Apiacées ou les ronces. Sa larve se développe généralement dans les branches sèches de feuillus ou de conifères tombées au sol. Le développement larvaire dure 2 ans.

Lepture tachetée
Strangalia maculata · F. Cérambycidés

Élytres jaunes, avec taches noires à l'avant et bandes transversales noires à l'arrière. Antennes annelées de jaune, contrairement aux autres leptures.
LC 14-20 mm ; corps très étroit. Mai-août.
Habitat : fréquente presque partout dans les clairières et les lisières forestières ; l'un des Cérambycidés les plus fréquents.
À savoir ! Ce coléoptère visite régulièrement les buissons en fleurs et les Apiacées. La larve se développe dans les souches vermoulues, de préférence de feuillus, plus rarement de conifères.

Clyte bélier
Clytus arietis · F. Cérambycidés

La partie antérieure des élytres présente de chaque côté une bande courbée en corne de bélier.
LC 7-14 mm ; noir avec bandes jaunes, antennes avec extrémités foncées, légèrement épaissies. Mai-juil.
Habitat : généralement fréquent le long des lisières et chemins forestiers.
À savoir ! On trouve ce coléoptère craintif souvent sur le bois mort ou les plantes en fleurs. Sa larve vit en général dans les branches mortes de hêtres. Les antennes du ressemblant *Clytus rhamni* sont entièrement brunes.

Clyte arqué
Plagionotus arcuatus · F. Cérambycidés

Corps robuste, pattes et antennes orangées, sinon bandes jaune vif sur tout le corps.
LC 8-20 mm. Mai-juil.
Habitat : principalement dans les endroits clairs des chênaies ; généralement commun.
À savoir ! Ce coléoptère assez craintif ne visite pas les fleurs, mais s'observe uniquement sur ses arbres hôtes. Il se développe presque exclusivement dans le bois de chêne, en particulier dans les troncs couchés ayant encore leur écorce. Le mâle accompagne la femelle lors de la ponte (photo).

Dorcadion fuligineux
Dorcadion fuliginator · F. Cérambycidés

3 variantes de couleurs : élytres uniformément gris clair, bruns avec des bandes grises (photo) ou entièrement noirs.
LC 10-15 mm. Avril-juin.
Habitat : surtout sur les prés secs fortement pâturés ; rare partout.
À savoir ! Cette espèce incapable de voler se tient toujours sur le sol. Sa larve se développe sur les racines des graminées. Les différentes variantes de couleurs peuvent apparaître simultanément au même endroit, mais une des variantes domine généralement. **§**

Phytoécie bleuâtre
Phytoecia coerulescens · F. Cérambycidés

Corps recouvert d'un feutrage vert à gris, face dorsale de la tête et du pronotum avec 3 bandes longitudinales claires.
LC 6-12 mm. Mai-juil.
Habitat : surtout sur les prés secs et les pâturages à moutons ; assez fréquente par régions.
À savoir ! Ce coléoptère assez craintif, capable de voler, se trouve généralement sur les Boraginacées. Les larves vivent de préférence dans les racines et les tiges des vipérines, cynoglosses et grémils. **§**

Lepture à suture noire

Lepture tachetée

bande jaune
en forme
de corne

Clyte bélier

antennes
orangées

Clyte arqué

Dorcadion fuligineux

bandes
longitudinales
claires

Phytoécie bleuâtre

Petite Saperde du peuplier
Saperda populnea · F. Cérambycidés

Élytres finement tachetés de jaune et de gris et décorés de 4-5 points jaunâtres un peu plus grands disposés en une rangée longitudinale arquée.
LC 9-15 mm ; tête et pronotum avec bandes longitudinales jaunâtres. Mai-juin.

Habitat : généralement répandue le long des lisières et chemins forestiers.

À savoir ! Ce coléoptère présente un comportement de ponte remarquable. La femelle choisit une branche de Peuplier tremble, plus rarement d'une autre espèce de peuplier ou d'un saule, puis elle commence par creuser dans l'écorce une incision en forme de demi-fer à cheval et décorée en son centre de sillons transversaux. Elle incise ensuite la seconde branche du fer à cheval ainsi que d'autres sillons transversaux. Finalement, elle creuse un trou plus profond au point de jonction des deux branches du fer à cheval (grande photo à gauche). Par ce trou, elle insère ensuite son ovipositeur sous l'écorce pour y déposer un œuf (grande photo à droite).

Le découpage effectué sur la branche entraîne la formation de cals, qui servent de première nourriture à la larve. Plus tard, la larve s'enfonce plus profondément dans le bois ; son activité provoque la formation d'une excroissance sur la branche (petite photo). Étant donné que le développement des larves est généralement bisannuel, l'espèce est plus nombreuse tous les 2 ans dans ses stations.

Proche Chez la **Grande Saperde du peuplier** *(Saperda carcharias)*, nettement plus grande (20-30 mm) et plus rare, tout le dessus est moucheté de clair et de foncé.

Obérée des osiers
Oberea oculata · F. Cérambycidés

Corps très étroit, antennes, tête et élytres gris, reste du corps y compris pattes et pronotum rouge, ce dernier avec 2 points noirs frappants.
LC 15-21 mm. Juin-sept.

Habitat : bien répandue au bord des forêts et des chemins, mais pas abondante.

À savoir ! La femelle présente un comportement de ponte semblable à celle de la Petite Saperde du peuplier : dans les branches de saules, elle ronge 2 rangées parallèles de sillons transversaux réguliers, qui sont séparés les uns des autres par une bande d'écorce intacte d'à peine 0,5 mm de large. Au-dessous, elle creuse un trou par lequel elle insère son ovipositeur sous l'écorce. Ce découpage entraîne la formation d'un cal, qui par la suite fait éclater l'écorce de part et d'autre des rangées de sillons transversaux jusqu'au trou contenant l'œuf. Il en résulte une cicatrice en forme de fer à cheval très semblable à celle laissée par la Petite Saperde du peuplier. Le tissu cicatriciel sert de première nourriture à la larve. Peu de jours après l'éclosion, la larve s'enfonce déjà dans le bois de la branche. Au cours de ses deux ans de développement, elle creuse une galerie d'environ 50 cm de longueur en direction du tronc. De temps à autre, elle fore des embranchements conduisant à la surface, par lesquels elle rejette la sciure qui s'amoncelle. À la fin, elle élargit la galerie en une loge nymphale, à partir de laquelle elle creuse un trou d'éclosion, qu'elle rebouche cependant provisoirement avec des copeaux de bois.

Proche La rare espèce *Phytoecia nigripes* présente exactement les mêmes dessins et couleurs, sauf que chez elle les tarses sont foncés et le corps nettement plus large. §

points clairs

Petite Saperde du peuplier

2 points noirs

pattes rouges

Obérée des osiers

Doryphore
Leptinotarsa decemlineata · F. Chrysomélidés

Tête et pronotum orange avec taches noires, élytres jaunes avec bandes longitudinales noires.
LC 7-11 mm. Présent toute l'année.
Habitat : très fréquent périodiquement dans les champs et les jardins.
À savoir ! Le Doryphore est un nuisible redouté dans les cultures de pommes de terre. Il est originaire des montagnes Rocheuses américaines, où il vit sur une Solanacée. Il n'a découvert la pomme de terre qu'avec l'apparition de la culture de cette plante et s'est alors rapidement répandu à travers tout le continent nord-américain. À partir de 1877, il est également apparu en Eur. moy., mais n'a dans un premier temps pas pu se propager en raison d'importantes mesures de lutte à son encontre. Sa marche triomphale chez nous a commencé dans les années 1930. Peu après la Seconde Guerre mondiale, l'espèce avait progressé jusqu'en Allemagne orientale. Cette propagation rapide s'explique par l'absence de prédateurs naturels tels que des ichneumons spécialisés ou des diptères parasites, qui normalement décimeraient le coléoptère, mais qui n'ont pas accompagné le Doryphore lors de son saut par-dessus l'Atlantique. Dans l'intervalle, certaines de nos espèces indigènes, p. ex. différents carabes et sauterelles, ont mis à leur menu les larves de Doryphores, qui sont immangeables pour presque tous les autres prédateurs.
Le Doryphore apparaît annuellement en 1-2 générations. Chaque femelle pond environ 500-2500 œufs jaune vif, répartis en plusieurs pontes (petite photo), sur la face inférieure des feuilles de pommes de terre. Les larves (grande photo à droite), rougeâtres, se nourrissent des

feuilles des pommes de terre. Lors d'invasions massives, elles peuvent dénuder des champs entiers en compagnie des coléoptères adultes.

Chrysomèle du peuplier
Melasoma populi · F. Chrysomélidés

Noir avec reflet métallique vert, élytres rouge éclatant avec tache noire à l'apex.
LC 10-12 mm. Présente toute l'année.
Habitat : fréquente partout au bord des forêts et des chemins.
À savoir ! La femelle colle ses œufs jaunes sur la face inférieure des feuilles de peupliers ou de saules. Les larves sont jaune blanchâtre avec des verrues boutonneuses noires. Lorsqu'on les dérange, elles émettent une sécrétion sentant le phénol. La nymphose s'effectue sous une feuille de la plante nourricière. Le bout de l'abdomen de la chrysalide reste alors dans l'ancienne peau larvaire. Deux générations apparaissent par année.

Proche Les deux espèces *Melasoma saliceti* et *M. tremulae*, un peu plus rares, ont des couleurs très semblables ; chez elles, les élytres sont cependant rouges jusqu'à l'apex.

Casside tachée de rouille
Cassida rubiginosa · F. Chrysomélidés

Pronotum et élytres élargis en bouclier, sous lequel la majeure partie du corps reste cachée.
LC 6-8 mm ; verte avec taches brunâtres indistinctement délimitées autour du scutellum. Juin-août.
Habitat : assez fréquente sur les prairies et au bord des chemins, en particulier dans les endroits légèrement humides.
À savoir ! Ce coléoptère vit surtout sur les chardons, sur lesquels il est parfaitement camouflé. Pour se déplacer, il sort les pattes et les antennes hors de son bouclier, mais il les rentre immédiatement en cas de danger. Sa larve (petite photo) vert clair et épineuse se confectionne, avec des restes de mue et des

particules de crottes, un « capuchon de camouflage » qu'elle emmène toujours avec elle.

Doryphore
imago (à gauche) et larve (à droite)

Chrysomèle du peuplier
lors de l'accouplement

Casside tachée de rouille

Crache sang
Timarcha tenebricosa · F. Chrysomélidés

Avec un corps long de 15-20 mm, le plus grand Chrysomélidé indigène; noir avec un éclat bleuâtre.
Tarses épaissis de façon frappante. Mars-juil.
Habitat : surtout sur les prés secs, commun.
À savoir ! Ce coléoptère lourdaud, incapable de voler, apparaît souvent dès les premiers jours chauds du début du printemps. Lorsqu'on le dérange, par exemple si on le touche, il régurgite pour se défendre une goutte de liquide toxique rouge orangé. La femelle pond ses œufs en été sur les gaillets. Les larves n'éclosent qu'au printemps suivant. Elles sont particulièrement grandes (mesurent jusqu'à environ 20 mm) et char-

nues (petite photo). Elles semblent hiverner une seconde fois avant de se nymphoser dans le sol.

Cryptocéphale
Cryptocephalus sp. · F. Chrysomélidés

Vert doré très brillant, la tête retirée sous le pronotum lui donne un air bossu.
LC 4-6 mm. Mai-août. Beaucoup d'espèces ressemblantes, certaines avec des élytres rouges ou jaunes.
Habitat : assez fréquent sur les prés secs et au bord des chemins.
À savoir ! Ces coléoptères s'observent souvent sur les Astéracées jaunes. Ils se laissent tomber et disparaissent dans l'herbe à la moindre secousse. Lors de la ponte, la femelle enveloppe les œufs dans une fine couche d'excréments. Après l'éclosion, la larve utilise ces excréments pour se confectionner un abri solide, qu'elle agrandit par la suite avec ses

propres excréments (petite photo). Elle se nourrit de morceaux de plantes flétries.

Clytre des saules
Clytra laeviuscula · F. Chrysomélidés

Corps noir brillant, élytres orangés avec un point noir et une large bande transversale noire interrompue au milieu.
LC 7-11 mm. Mai-août.
Habitat : commun dans les lisières forestières et sur les prés secs.
À savoir ! La femelle emballe ses œufs un à un dans un petit sac ressemblant à une pomme de pin (grande photo), puis elle laisse tomber ce fourreau fait d'écailles et d'excréments à proximité d'une fourmilière. Les fourmis prennent cet objet pour du matériel de construction et l'emportent à l'intérieur de la fourmilière. La larve utilise les particules de crottes pour se confectionner un abri solide (petite photo) et se nourrit des œufs et pupes de

fourmis. En cas de danger, elle se retire dans son fourreau et en ferme l'entrée avec sa capsule céphalique blindée.

Donacie
Donacia sp. · F. Chrysomélidés

Chrysomèle très mince, vert brillant ou cuivrée.
LC 7-12 mm. Mai-juil. Nombreuses espèces difficiles à distinguer.
Habitat : fréquente sur les rives.
À savoir ! Ces coléoptères faisant penser à des Cérambycidés apparaissent souvent en troupes sur les plantes des rives. Leurs larves se développent sous l'eau, à l'intérieur des tiges des plantes. Les différentes espèces du genre sont spécialisées sur des plantes déterminées, par exemple les nénuphars, potamots ou massettes. Pour respirer, la larve perce les canaux aérifères de la plante.

Proche La **Galéruque du nénuphar** *(Galerucella nymphaeae)*, fréquente sur les feuilles des nénuphars, est elle aussi très mince, mais de couleur brun-jaune et grise.

Crache sang

Cryptocéphale

Clytre des saules
femelle lors de la ponte

longues
antennes

corps
étroit

Donacie

Scolyte de l'épicéa
Ips typographus · F. Curculionidés

Brun foncé et nettement velu, corps cylindrique, tête dirigée en oblique vers le bas, élytres à extrémité tronquée, bordée par 8 denticules.
LC 4-5 mm. Mai-juil.

Habitat : généralement fréquent dans les forêts d'épicéas présentant des arbres en mauvais état.

À savoir ! Le Scolyte de l'épicéa ou Bostryche typographe colonise presque exclusivement les épicéas déjà très endommagés, dépérissants ou morts, plus rarement aussi les pins dans cet état. Au printemps, le mâle s'enfonce sous l'écorce et y creuse une courte galerie s'élargissant au bout en une « chambre nuptiale ». Après cela, il attire 1-3 femelles au moyen de phéromones et s'accouple avec elles dans la chambre nuptiale. La femelle creuse ensuite une galerie maternelle d'environ 15 cm de longueur à partir de la chambre nuptiale, si possible dans la direction des fibres du bois. Dans le cas de 2 femelles, on trouve 2 galeries maternelles opposées, dans le cas de 3 femelles, 3 galeries établies en Y. Chaque galerie maternelle est pourvue de 2-4 « trous d'aération », par lesquels les coléoptères rejettent la sciure qui s'amoncelle. Chaque femelle pond 30-60 œufs, qu'elle répartit le long de la galerie maternelle dans des niches individuelles. Depuis les niches où elles sont nées, les larves se creusent un chemin à travers la couche de liber en évitant de toucher les galeries des larves voisines (petite photo à droite). Ce réseau de galeries laisse finalement une figure fort ornementale sous l'écorce (petite photo de gauche et grande photo de droite), mais qui est généralement fatale pour l'arbre en cas d'invasion importante.

Chalcographe
Pityogenes chalcographus
F. Curculionidés

Imago (petite photo) un peu plus élancé que le Scolyte de l'épicéa, avec seulement 3 denticules sur chaque bord de l'extrémité tronquée des élytres. LC environ 2 mm.

Habitat : fréquent presque partout dans les forêts d'épicéas mal en point.

À savoir ! Le C. colonise la cime et les branches des épicéas malades ; l'invasion se fait donc peu remarquer. Après l'établissement de la chambre nuptiale, le mâle attire 3-6 femelles. Celles-ci forent ensuite leurs galeries mater-

nelles d'environ 6 cm de longueur dans toutes les directions en formant une étoile (grande photo). L'espèce produit 2 générations par an, dont la première essaime en juil.-août ; sa descendance hiverne puis vole en avril.

Scolyte du bouleau
Scolytus ratzeburgi · F. Curculionidés

Scolyte particulièrement grand avec son corps long de 4-7 mm, brun foncé, extrémité des élytres non tronquée.
Mai-juil.

Habitat : généralement fréquent dans les bords de forêts et de chemins avec bouleaux.

À savoir ! Ce coléoptère s'attaque en général aux bouleaux malades, mais passe aussi aux arbres sains en cas de prolifération importante. L'attaque se manifeste d'abord par une série verticale, longue de 5-15 cm, de trous d'aération régulièrement disposés. Sous ces trous se trouve la galerie maternelle, de laquelle bifurquent, d'abord transversalement puis de plus en plus en direction des fibres, de nombreuses galeries larvaires. En cas de forte attaque, l'arbre peut en mourir et le décollement de l'écorce révèle alors la figure formée par les galeries. L'espèce ne forme qu'une génération par an. Le **Scolyte de l'orme** (*Scolytus scolytus*), de même taille, a des élytres roux et s'attaque aux ormes.

Scolyte de l'épicéa ou Bostryche typographe
imago (à gauche) et galeries sous une écorce d'épicéa (à droite)

Chalcographe
galeries sur un épicéa

Scolyte du bouleau
galeries sur un bouleau

Balanin des noisettes
Curculio nucum · F. Curculionidés

Rostre très fin, presque aussi long que le reste du corps chez la ♀ (petite photo de gauche et grande photo), nettement plus court chez le ♂; corps entier recouvert d'écailles brunâtres plaquées au corps.
Surface écailleuse du scutellum carrée. LC 6-9 mm. Mai-juil.
Habitat : largement répandu et généralement commun dans les forêts de feuillus et, surtout, dans les jardins.
À savoir ! Le rostre, presque aussi fin qu'un cheveu, n'est pas un instrument piqueur, mais une sorte de prolongation de la tête munie de minuscules pièces buccales broyeuses

à son extrémité. Au début de l'été, le coléoptère s'observe souvent sur les noisetiers plantés, beaucoup plus rarement sur les plantes sauvages. Pour se nourrir, il enfonce en quelques secondes sa perceuse jusqu'à la butée dans une noisette encore verte et tendre, et en consomme des parties de l'amande. Lors de la ponte, la femelle fore un trou dans la coquille d'une noisette et y dépose un œuf. La larve (petite photo de droite) dévore la majeure partie de l'amande. La noisette attaquée tombe prématurément au sol et la larve la quitte peu après en perçant un trou latéral dans la coquille. Elle s'enfonce ensuite dans le sol et y hiverne. La nymphose n'a lieu qu'au printemps.

> **Proche** Chez le **Balanin du chêne** *(Curculio venosus)*, également fréquent, la surface écailleuse du scutellum est oblongue. Ses larves se développent dans les glands.

Otiorhynque de la vigne
Otiorhynchus sulcatus · F. Curculionidés

Coléoptère lourdaud muni d'un rostre large et assez court; surface du corps très granuleuse.
LC 9-11 mm; élytres avec taches claires pubescentes. Présent toute l'année.
Habitat : commun dans les lisières forestières et les jardins, également dans les habitations.
À savoir ! Ce coléoptère nocturne, inapte au vol, se nourrit de toutes sortes de végétaux. Étant donné que les mâles sont plutôt rares, l'espèce se reproduit généralement par parthénogenèse. Cela favorise la conquête de nouveaux habitats, puisque chaque femelle peut fonder une nouvelle population. Depuis quelques années, l'espèce apparaît plus souvent dans les cultures en serres et sur les plantes d'appartement. Ses larves se développent sur les racines des plantes et peuvent provoquer leur dépérissement. La nymphose a lieu dans le sol. (Photos de la larve et de la nymphe ⇨ p. 8).

Charançon des pétasites
Liparus glabrirostris · F. Curculionidés

Noir brillant avec taches pubescentes jaunâtres, formant un « Y » sur les côtés du pronotum.
LC 14-19 mm. Mai-juil.
Habitat : dans les lisières forestières humides et au bord des rivières; commun par endroits dans les régions montagneuses.
À savoir ! Ce coléoptère incapable de voler s'observe souvent par temps humide lorsqu'il traverse les chemins. Sa larve vit dans les racines de différentes espèces de pétasites.

> **Proche** Le **Charançon des racines du laser** *(Liparus dirus)*, encore un peu plus grand (LC jusqu'à 20 mm), n'a pas de taches pubescentes jaunes. Il n'apparaît en Eur. moy. que dans les régions très chaudes (p. ex. en Alsace). §

Balanin des noisettes
femelle sur une noisette

Otiorhynque de la vigne

taches
pubescentes
jaunes

Charançon des pétasites

Pissode du pin
Pissodes pini · F. Curculionidés

Brun foncé avec taches pubescentes jaunes; élytres avec 2 bandes transversales obliques formées de poils écailleux.
LC 6-9 mm. Présent toute l'année.
Habitat : fréquent dans les pinèdes.
À savoir ! Le Pissode du pin pond ses œufs dans la couronne des pins âgés. Les larves creusent sous l'écorce des galeries divergeant en étoile, au bout desquelles se trouveront plus tard les loges nymphales garnies d'un rembourrage de copeaux de bois.

Proche Le **Grand Charançon du pin** (*Hylobius abietis*) atteint une taille de 8-14 mm. Chez lui, les poils écailleux des élytres sont disposés en taches et bandes irrégulières.

Phyllobius
Phyllobius sp. · F. Curculionidés

Corps entier densément revêtu de poils écailleux vert-bleu, vert clair ou dorés à cuivrés.
LC 5-10 mm. Mai-juil. Nombreuses espèces difficiles à distinguer.
Habitat : fréquent dans les forêts et les broussailles.
À savoir ! Les coléoptères de ce genre se nourrissent des feuilles de différents feuillus ou plantes herbacées, certains aussi d'aiguilles de conifères. Les larves se développent généralement sur les racines; elles peuvent provoquer le dépérissement de jeunes arbres.

Proche Chez le **Charançon vert** (*Chlorophanus viridis*), les côtés du corps se détachent en vert-jaune. L'imago ronge souvent les feuilles des pétasites.

Cigarier du bouleau
Deporaus betulae · F. Curculionidés

Noir, parfois avec un éclat bleu, rostre approximativement aussi long que le reste de la tête.
LC 3-5 mm. Avril-juil.
Habitat : fréquent dans les lisières forestières.
À savoir ! Le Cigarier privilégie les bouleaux, mais peut aussi être trouvé sur d'autres feuillus. Avant la ponte, la femelle commence par découper, dans un des deux côtés de la feuille, près de la base de celle-ci, une ligne en « S » menant du bord à la nervure médiane, qu'elle entame légèrement. Ensuite, elle

découpe l'autre côté de la feuille suivant une courbe nettement plus douce, sinueuse, jusqu'au bord externe de la feuille. Finalement, elle enroule l'extrémité découpée en cigare (petite photo) et y dépose 1-6 œufs.

Cigarier de la vigne
Bytiscus betulae · F. Curculionidés

Vert, bleu ou rouge cuivré métalliques, très brillant, rostre nettement plus long que le reste de la tête.
LC 5-7 mm. Avril-sept.
Habitat : généralement commun au bord des forêts et des chemins.
À savoir ! Le C. de la vigne ou Rhynchite du bouleau laisse ses traces sur de nombreux arbres ou buissons feuillus différents, p. ex. sur les peupliers, saules, hêtres ou, comme sur la photo, les framboisiers. Pour confectionner ses cigares, la femelle emploie toujours

une feuille entière. Elle entame d'abord le pétiole de la feuille, afin qu'il se coude, puis enroule le limbe en une sorte de cigare (petite photo), dans lequel jusqu'à 15 larves peuvent trouver place et se développer.

taches
pubescentes
jaunes

Pissode du pin

Phyllobius

Cigarier du bouleau
femelle découpant une feuille

Cigarier de la vigne
femelle sur une feuille enroulée

Tipule
Tipula sp. · F. Tipulidés

Diptère particulièrement grand avec son envergure d'environ 25-50 mm, principalement gris avec des pattes extrêmement longues.
PV avril-oct. Plusieurs espèces difficiles à distinguer.
Habitat : fréquente partout.
À savoir ! Le soir, les Tipules pénètrent souvent dans les chambres par les fenêtres ouvertes et effrayent alors les personnes qui ne les connaissent pas. Elles sont pourtant totalement inoffensives et ne peuvent ni piquer ni mordre. Leurs pièces buccales, fortement atrophiées, leur permettent tout au plus de sucer de l'eau ou du nectar facilement accessible. L'abdomen de la femelle se termine par un oviposteur pointu. Elle s'en sert pour insérer ses œufs dans le sol humide après l'accouplement. Elle effectue alors une danse un peu maladroite en volant de haut en bas avec le corps en position verticale, et en s'appuyant régulièrement sur le sol avec le bout des pattes.

La larve (petite photo à gauche) est grise et est apode (sans pattes). Elle se nourrit de feuilles mortes et d'autres restes de plantes, mais également de racines. L'espèce est donc susceptible de causer des dégâts aux cultures en cas de prolifération massive. La larve, plutôt banale et terne, possède cependant un « second visage » remarquable à l'autre bout du corps : les deux orifices respiratoires débouchant à l'extrémité tronquée de l'abdomen sont entourés de 6 lobes en partie triangulaires, en partie pointus, formant au final un portrait diabolique (petite photo à droite). En cas de danger, la larve peut rétracter les lobes afin de protéger ses organes respiratoires (stigmates) d'une blessure et d'éviter d'éventuelles entrées d'eau.

Tanyptère noire
Tanyptera atrata · F. Tipulidés

Très brillante, ♀ (photo) avec abdomen rouge à l'avant, se terminant en un long oviposteur.
♂ avec des antennes pectinées et un abdomen noir ou brun-jaunâtre. ENV. 30-40 mm. PV juin-juil.
Habitat : dans les milieux ouverts des forêts humides ; peu fréquente.
À savoir ! La femelle insère ses œufs dans le bois vermoulu à l'aide de son oviposteur arqué. Les larves y effectuent ensuite tout leur développement.

Proche La **Tipule ornée** (*Ctenophora ornata*) est également fort bariolée et très brillante. Son abdomen est vivement coloré en jaune, roux et noir. L'insecte fait ainsi penser à une guêpe.

Trichocère annelée
Trichocera annulata · F. Trichocéridés

Très frêle, avec pattes extrêmement longues et fines, rappelant ainsi une petite tipule.
ENV. 11-13 mm. PV oct.-avril.
Habitat : fréquente partout dans les lisières forestières, haies champêtres et jardins.
À savoir ! Les imagos n'apparaissent que durant le semestre d'hiver. Ils dansent en essaims dès que la température s'élève au-dessus du point de congélation, de préférence aux endroits où les rayons du soleil traversent les fourrés. Les larves vivent sur le sol et se nourrissent de restes de plantes en décomposition.

Proche La **Mouche des neiges** (*Chionea belgica*), aptère mais munie de grands balanciers, est elle aussi active en hiver.

Tipule

Tanyptère noire
femelle en train de pondre

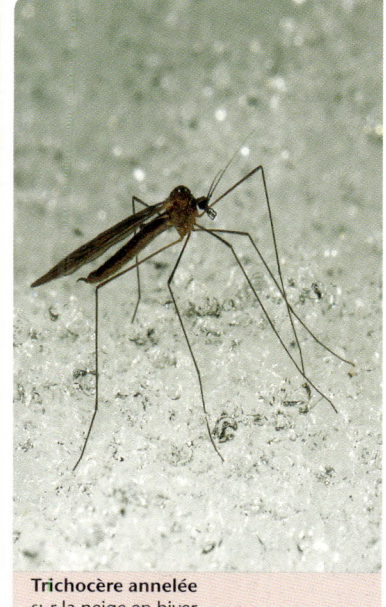

Trichocère annelée
sur la neige en hiver

Cécidomyie du hêtre
Mikiola fagi · F. Cécidomyiidés

Diptère paraissant très fragile, avec pattes très fines et abdomen rougeâtre.
ENV. 9-12 mm. PV mars-mai.
Habitat : fréquente partout dans les hêtraies et les lisières forestières.
À savoir ! Ce diptère essaime aux premiers jours chauds du printemps. La femelle pond ses œufs un à un ou par petits groupes sur les bourgeons foliaires des hêtres. Les larves éclosent lorsque les feuilles bourgeonnent. Avec leur sécrétion salivaire, elles stimulent le tissu végétal à former une excroissance. Cette galle, terminée en pointe, forme ainsi une coupole pointue (d'où leur nom de galles « en citron » ou « en pépin d'orange »). À partir de juin, on peut découvrir ces galles entièrement développées sur les feuilles de hêtres (grande photo de droite). Elles atteignent 10 mm de haut et sont d'abord vertes, puis deviennent généralement rouge lumineux. Le tissu végétal dur et épais qui les compose laisse à l'intérieur une vaste cavité où la larve, d'abord blanche et par la

suite orange, effectue toute sa croissance. Peu avant la chute automnale des feuilles, les galles se détachent généralement de la feuille et tombent au sol. Une fine membrane blanche se forme alors sur la galle à l'ancien point de contact avec la feuille. La larve mue en nymphe vers la fin de l'hiver (petite photo en haut). L'imago qui éclôt transperce la membrane et gagne l'air libre.

Proche La **Cécidomyie des galles velues du hêtre** (*Hartigiola annulipes*) est un peu plus petite. Ses galles ne mesurent que 4 mm de haut, elles sont généralement hérissées de poils.

Liponeura
Liponeura sp. · F. Blépharocéridés

Diptère à très longues pattes ; ailes particulièrement larges, pourvues de nervures et d'un réseau serré de plis faisant paraître l'aile comme chiffonnée ; ♀ avec trompe courte et robuste.
ENV. 15-20 mm. PV juin-oct.
Habitat : à proximité des rapides et des chutes des ruisseaux de montagne ; dans les Alpes et certaines moyennes montagnes, commun par endroits.
À savoir ! Les larves du genre *Liponeura* sont parfaitement adaptées aux courants extrêmes. Les 6 ventouses qu'elles possèdent sur la face ventrale sont d'excellents organes de fixation à un support (grande photo de droite). En actionnant un piston au milieu de la ventouse, la larve crée une dépression faisant fortement adhérer celle-ci au support. Pour se déplacer, la larve ne décolle que 1-2 ventouses à la fois et avance alors les segments abdominaux libérés. On ne trouve les larves que dans les endroits les plus turbulents, surtout sur le dessus des

grosses pierres des rapides, où l'eau passe à toute vitesse. Elles s'y nourrissent des algues qui y poussent de façon clairsemée. On trouve les nymphes (petite photo ci-dessous) aux mêmes endroits, mais toujours juste sous la surface de l'eau. Elles sont plates, hydrodynamiques et fixées aux pierres au moyen d'une substance collante. Les imagos déploient leurs ailes immédiatement après avoir quitté l'enveloppe nymphale et peuvent ainsi décoller depuis la surface de l'eau. Les femelles capturent de petits insectes volants et les vident de leur substance.

abdomen rouge

galles
pointues

Cécidomyie du hêtre

ventouses

branchies

Liponeura
imago (à gauche) et larve (à droite)

Moustique
Aedes sp. · F. Culicidés

♀ (grande photo à gauche) avec longue trompe piqueuse, palpes labiaux courts et abdomen pointu.
LC 7-9 mm; articles des tarses généralement annelés de clair et de foncé. PV avril-oct. Beaucoup d'espèces difficiles à distinguer.
Habitat : fréquent partout, en particulier dans les forêts humides.
À savoir ! Les œufs ne peuvent arriver à maturité que lorsque les femelles ont pris un repas de sang. Les larves (grande photo à droite) possèdent un siphon respiratoire oblique, par lequel elles se suspendent à la surface de l'eau. À l'aide de leurs pièces buccales, elles brassent l'eau afin d'amener à la bouche des particules en suspension. En cas de danger, elles plongent et gagnent le fond en ondulant du corps. Les nymphes (petite photo) sont presque sphériques, avec un abdomen enroulé autour du corps.

Anophèle
Anopheles maculipennis · F. Culicidés

Ressemble à un Aedes, mais avec ailes tachetées de foncé et palpes labiaux assez longs.
LC 6-8 mm. PV avril-oct.
Habitat : dans les zones humides, pas aussi fréquent que les espèces du genre *Aedes*.
À savoir ! Alors que les Aedes reposent avec le corps parallèle au support et la trompe formant un angle avec le corps, les Anophèles se tiennent avec le corps en oblique et la trompe dressée en avant. Dans les pays chauds, l'Anophèle est craint comme vecteur de la malaria; l'agent pathogène de cette maladie n'apparaît cependant pas chez nous. La larve (petite photo) ne possède pas de siphon respiratoire. Elle se colle à plat sous la surface de l'eau et respire à travers des orifices respiratoires (stigmates) dorsaux.

Moucherons fantômes
Chaoborus sp. · F. Chaoboridés

Ressemble à un Aedes, mais avec des pièces buccales fortement régressées.
LC 6-7 mm. PV mai-août. (Imago non illustré).
Habitat : assez fréquent à proximité des eaux stagnantes.
À savoir ! Avec leurs pièces buccales réduites, les moustiques adultes ne peuvent pas s'alimenter. Les larves, complètement transparentes, possèdent à l'avant et à l'arrière une paire de vésicules hydrostatiques remplies d'air, grâce auxquelles elles peuvent rester suspendues horizontalement dans l'eau. Avec leurs antennes transformées en crochets préhensiles, elles capturent de petits crustacés.

Proche Les larves du genre apparenté *Mochlonyx* ne sont pas transparentes et ont un siphon respiratoire court.

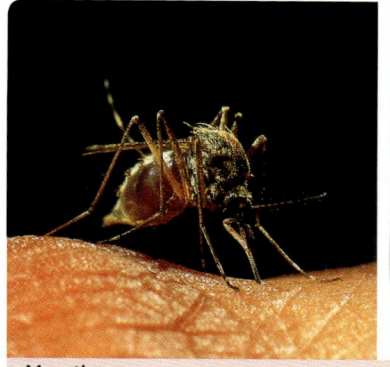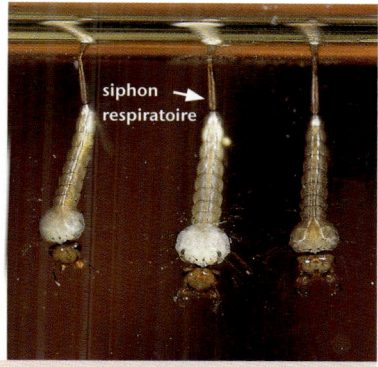

siphon respiratoire

Moustique
femelle suçant du sang (à gauche) et larves (à droite)

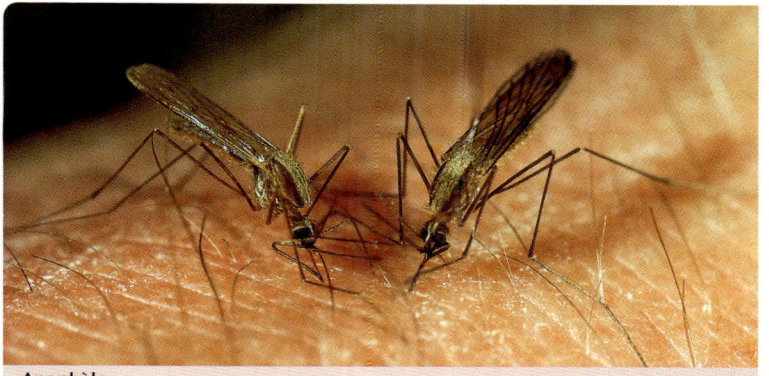

Anophèle
2 femelles suçant du sang

Moucherons fantômes
larve transparente

Simulie
Simulium sp. · F. Simuliidés

Diptère paraissant bossu et ressemblant plutôt à une mouche; avec trompe très courte et épaisse; corps généralement gris. LC 3-6mm; pattes tachetées de clair. PV mai-août.

Habitat: fréquente partout à proximité des eaux courantes.

À savoir! Les femelles sucent surtout le sang du bétail. Leur piqûre est douloureuse, car leur trompe est assez épaisse, mais aussi à cause de la salive toxique injectée simultanément. L'endroit de la piqûre enfle généralement fortement par la suite. Lors de pullulations, les simulies peuvent occasionner des pertes parmi le bétail. Les larves, en forme de massue (grande photo à droite), s'accrochent à des plantes aquatiques ou des pierres et filtrent les particules en suspension à l'aide de leurs pièces buccales en forme de peigne. Les nymphes (petite photo) repo-

sent dans des abris en forme de cornet et respirent par des branchies disposées en touffes.

Chironome
Chironomus sp. · F. Chironomidés

♂ (grande photo à gauche) avec antennes longuement plumeuses, ♀ (grande photo à droite) avec antennes simples et très courtes. LC 10-14mm. PV presque toute l'année.

Habitat: fréquent partout dans les eaux dormantes et courantes.

À savoir! Les mâles dansent en essaims si denses qu'ils font penser à des traînées de fumée. Lorsqu'une femelle pénètre dans l'essaim, elle est reconnue à son bruit de vol spécifique, poursuivie par de nombreux mâles et aussitôt saisie par l'un d'eux pour l'accouplement. Les larves, rouge éclatant (petite photo), sont utilisées comme «vers de vase» pour la pêche et comme nourriture pour les poissons d'agrément. Abondantes, elles représentent une source de nourriture importante pour les poissons dans la nature. À l'aide de fils de soie et de particules de vase, les larves se construi-

sent des tubes tortueux dans lesquels elles se retirent la plupart du temps. Elles se nourrissent de substances organiques en décomposition.

Bibion
Bibio sp. · F. Bibionidés

Diptères très poilus, ressemblant à une mouche; corps noir profond. ♂ (à gauche sur la petite photo) avec grands yeux hémisphériques, ♀ (à droite sur la petite photo) avec yeux minuscules. LC 8-10mm. PV mars-mai.

Habitat: dans les forêts, sur les terrains ouverts et dans les jardins; fréquent presque partout.

À savoir! Pour pondre, la femelle recherche de préférence les endroits bien fumés du sol, s'y enterre et dépose jusqu'à 3000 œufs dans le sol. Les larves, blanc jaunâtre et atteignant 20 mm de long, possèdent de courtes épines sur les plaques dorsales. Elles se nourrissent de feuilles mortes et d'autres parties de plantes en décomposition et participent ainsi à la formation de l'humus. Elles apparaissent parfois en masse et peuvent alors causer des dégâts en rongeant les racines des plantes.

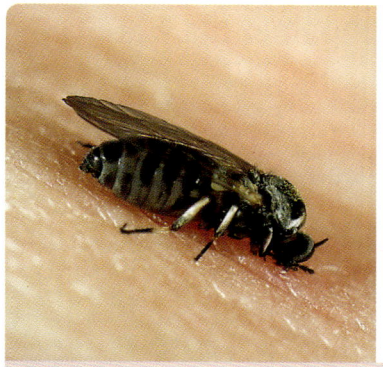

Simulie
imago suçant du sang (à gauche) et larve sur une plante aquatique (à droite)

antennes
plumeuses

Chironome

très grands yeux

Bibion
mâle

Stratiomyide
Stratiomys chamaeleon · F. Stratiomyidés

Abdomen fortement élargi et nettement aplati, dépassant largement des ailes sur les côtés, avec marques jaune vif.
LC 12-16 mm. PV juin-sept.
Habitat : commun par régions à proximité des eaux stagnantes.
À savoir ! Cette mouche particulièrement grande et joliment dessinée se tient souvent sur les fleurs des Apiacées. Sa larve, fuselée et atteignant 5 cm de longueur, se développe dans les eaux vaseuses. Elle nage juste sous la surface de l'eau.

Oplodontha viridula
Oplodontha viridula · F. Stratiomyidés

Tête et thorax couleur bronze, abdomen vert vif avec bande longitudinale noire, élargie à l'arrière.
LC 8-9 mm. PV juin-juil.
Habitat : assez fréquente sur les rives des eaux riches en plantes.
À savoir ! Comme la plupart des Stratiomyidés, O. viridula porte 2 épines pointues à l'arrière du scutellum, mais ces épines n'ont sans doute pas de fonction. Comme celle de la Stratiomyide, la larve nage près de la surface de l'eau et respire en collant ses orifices respiratoires à la surface.

Leptis bécasse
Rhagio scolopaceus · F. Rhagionidés

Diptère élancé à longues pattes, avec abdomen brun jaunâtre terminé en pointe noire et avec triangles noirs sur le dessus.
LC 8-14 mm; ailes tachetées de foncé. PV mai-sept.
Habitat : dans les lisières forestières et au bord des chemins forestiers; assez fréquent.
À savoir ! Le Leptis bécasse se poste à l'affût sur les troncs couchés, en tenant son corps décollé du support et dirigé vers le bas, avant de se jeter sur les insectes qui passent en vol. Sa larve se développe dans le sol.

Conops flavipède
Conops flavipes · F. Conopidés

Mouche vivement colorée de jaune et de noir, avec arrière de l'abdomen épaissi en massue et très grande tête.
LC 9-13 mm; trompe dirigée en oblique vers le haut, antennes en massue. PV mai-août.
Habitat : commun dans les lisières forestières et sur les terrains ouverts.
À savoir ! Le Conops flavipède s'observe souvent sur les fleurs. Sa trompe normalement coudée vers le haut est alors rabattue vers le bas. On l'observe aussi régulièrement à proximité des nids des abeilles sauvages, dans lesquels ses larves se développent.

Asilide
Machimus sp. · F. Asilidés

Mouche grise, assez robuste, avec abdomen long et étroit, pattes longues et très épineuses.
LC 16-25 mm; tête avec « moustache » blanche à l'avant, sous laquelle se trouve une courte et robuste trompe. PV juil.-sept.
Habitat : au bord des forêts et des chemins.
À savoir ! Postée sur un buisson, l'Asilide épie les proies qui passent en vol et les saisit en un bref vol d'attaque. Pour dévorer sa victime, elle retourne ensuite à son poste d'observation. Les proies qu'elle parvient à maîtriser sont souvent presque aussi grandes qu'elle-même.

Laphrie jaune
Laphria flava · F. Asilidés

Très robuste; faisant penser à un bourdon avec sa fourrure jaune.
LC 17-25 mm. PV juil.-sept.
Habitat : commune dans les lisières forestières et au bord des chemins forestiers.
À savoir ! Cette mouche à l'aspect menaçant vole en bourdonnant bruyamment, ce qui la rend encore plus inquiétante. Sa robuste trompe ne lui permet cependant pas de piquer l'homme. Elle choisit volontiers les piles de bois comme poste d'observation pour épier ses proies et retourne ensuite toujours à l'endroit choisi.

abdomen
très large

Stratiomyide

abdomen
vert vif

Oplodontha viridula

Leptis bécasse

trompe tournée
vers le haut

Conops flavipède

Asilide

trompe
robuste

Laphrie jaune

Empis marqueté
Empis tesselata · F. Empididés

Mouche élancée à longues pattes, avec une longue trompe dirigée à angle droit vers le bas.
LC 11-13 mm ; ailes plus larges et plus foncées chez le ♂ que chez la ♀. PV mai-juil.

Habitat : assez fréquent dans les lisières forestières.

À savoir ! Ces mouches frappantes s'observent souvent lorsqu'elles visitent les fleurs qu'elles butinent. Lors de la parade nuptiale, les mâles tuent des insectes en les piquant avec leur trompe, puis ils dansent en petits essaims en tenant l'insecte capturé comme « offrande nuptiale ». La femelle pénètre dans l'essaim, s'empare du cadeau d'un mâle, se laisse saisir par celui-ci et tous deux s'envolent pour s'accoupler dans un buisson. Le mâle s'accroche alors à une branche avec ses pattes antérieures et tient avec les autres pattes la femelle mangeant sa proie. Chez certaines espèces d'Empididés, les mâles se donnent la peine d'emballer l'offrande nuptiale dans des fils de soie.

Chrysops relictus
Chrysops relictus · F. Tabanidés

Ailes écartées de côté au repos, avec une large bande transversale noire au milieu.
LC 9-11 mm ; yeux vert lumineux, avec des taches rondes, violettes et en partie rouges. PV mai-sept.

Habitat : assez fréquent dans les milieux ouverts.

À savoir ! L'espèce vole presque sans bruit et atterrit de ce fait sur sa victime sans se faire remarquer, de préférence sur la tête. Sa piqûre est douloureuse en raison de l'épaisseur de la trompe. Comme les taons ne s'envolent pas volontiers lorsqu'ils sucent le sang, on peut assez facilement les tuer. Le Chrysops relictus semble cependant préférer le bétail comme source de nourriture, car il s'attaque moins souvent à l'homme que p. ex. le Taon des pluies. La larve est blanc jaunâtre, longue jusqu'à 16 mm, aplatie et amincie aux deux bouts. Elle se développe dans les milieux aquatiques de faibles dimensions

Grand Bombyle
Bombylius maior · F. Bombyliidés

Mouche recouverte d'une fourrure brune, avec une trompe aussi longue que le corps, tendue en avant ; ailes avec large bande brune à l'avant.
LC 9-12 mm. PV avril-juin.

Habitat : commun dans les lisières forestières ensoleillées.

À savoir ! Ce diptère inquiétant, mais en réalité totalement inoffensif, visite les fleurs avec ardeur. Sa longue trompe lui permet de butiner en vol au plus profond des calices. Pour pondre, la femelle recherche des colonies d'abeilles sauvages nichant au sol (généralement des abeilles des sables ⇨ p. 176). Elle commence par tapoter à plusieurs reprises le sol du bout de son abdomen afin de saupoudrer les œufs d'une couche de poussière qui les dissimule. Puis elle les dépose près des entrées des nids. Les larves, d'abord très mobiles, entrent dans les nids, y muent en asticots amorphes et vivent des réserves de nourriture et plus tard des larves des abeilles.

Taon des pluies
Haematopota pluvialis · F. Tabanidés

Ailes finement marbrées de gris, refermées en toit au-dessus de l'abdomen au repos.
LC 8-12 mm ; yeux avec bandes en zigzag multicolores, jetant des éclats dans presque toutes les couleurs de l'arc-en-ciel. PV mai-oct.

Habitat : fréquent partout, la plus fréquente de nos espèces de Tabanidés indigènes.

À savoir ! Le Taon des pluies est particulièrement actif par temps lourd. Il pique de préférence les bras et ne se laisse guère déranger lorsqu'il suce le sang.

Proche Les taons du genre *Tabanus* sont souvent beaucoup plus grands (jusqu'à 25 mm). Leurs yeux sont monochromes ou, comme chez l'espèce *Tabanus tropicus* présentée ici, sont ornés de lignes droites.

Empis marqueté
couple avec offrande nuptiale

longue trompe

Grand Bombyle

Chrysops relictus
suçant du sang

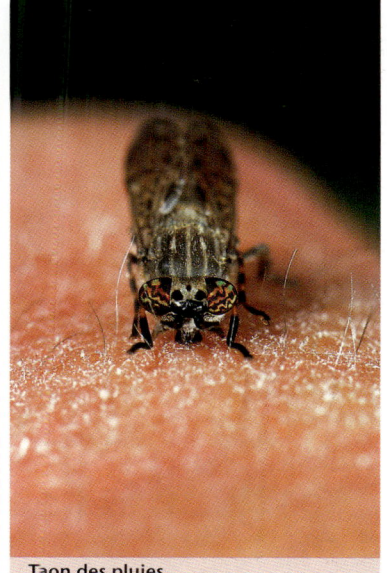

Taon des pluies
suçant du sang

Syrphe ceinturé
Episyrphus balteatus · F. Syrphidés

3ᵉ et 4ᵉ segments abdominaux avec large bande postérieure noire, précédée par de fins traits transversaux noirs interrompus.
Le 2ᵉ segment porte en outre une croix foncée.
LC 10-11 mm. PV presque toute l'année.
Habitat : partout l'une des espèces de Syrphidés les plus fréquentes.
À savoir ! Comme la plupart des Syrphidés, le Syrphe ceinturé visite les fleurs avec ardeur. Sa larve (grande photo à droite) est gris foncé, aplatie et ornée de taches blanches disposées en bandes obliques. Son abdomen se termine par un segment anal très allongé, foncé, au bout duquel se trouvent les deux orifices respiratoires. La capsule céphalique est réduite, comme chez la plupart des larves de diptères ; il ne subsiste des pièces buccales que des crochets buccaux. Elle se nourrit de pucerons, qu'elle pique avec ses crochets,

arrache de la plante et vide de leur contenu. La nymphose s'effectue dans la dernière peau larvaire, qui durcit alors (petite photo).

Syrphe manche à air
Meliscaeva cinctella · F. Syrphidés

Abdomen jaune avec larges bandes transversales noires, 2ᵉ segment en outre avec une bande longitudinale.
LC 9-11 mm. PV avril-oct.
Habitat : principalement dans les lisières forestières et les clairières ; fréquent partout.
À savoir ! Le S. manche à air s'observe souvent sur les fleurs, en particulier sur les Apiacées, les chardons et le Populage des marais. Ses larves se développent dans les colonies de pucerons. L'espèce ressemblante *Melangyna cincta* a un abdomen plus court avec un 2ᵉ segment plus intensément jaune.

Syrphe pyrastre
Scaeva pyrastri · F. Syrphidés

Corps noir, avec bande transversale blanche, interrompue, qui est droite sur le segment 2 et arquée sur les segments 3 et 4.
LC 14-15 mm. PV avril-sept.
Habitat : fréquent partout dans les lisières forestières et sur les terrains ouverts.
À savoir ! La larve du Syrphe pyrastre est elle aussi aphidiphage (consommatrice de pucerons). Elle est verte (parfois rose) et porte une bande dorsale blanche. L'espèce *Scaeva selenitica*, plus rare, porte la même bande en jaune.

Volucelle bourdon
Volucella bombylans · F. Syrphidés

Mouche robuste, très velue, abdomen soit noir avec bout rouge, soit noir et jaune avec bout blanc.
LC 11-15 mm. PV mai-août.
Habitat : généralement commune dans les lisières et prairies forestières.
À savoir ! L'espèce est souvent confondue avec un bourdon. La variante illustrée ici ressemble fortement au Bourdon des pierres (⇨ p. 174). Les larves se développent dans les nids des bourdons. Elles n'y vivent cependant pas comme parasites, mais consomment les larves mortes et les déchets.

Éristale gluante
Eristalis tenax · F. Syrphidés

Corps large, nettement velu ; 2ᵉ segment abdominal pourvu de 2 grandes taches orangées.
LC 14-16 mm. PV presque toute l'année.
Habitat : très fréquente partout.
À savoir ! L'adulte visite de nombreuses fleurs. Les larves de l'Éristale gluante sont appelées « Vers à queue de rat ». On les trouve préférentiellement dans eaux putrides ou les fosses à purin. Elles possèdent un siphon respiratoire télescopique, à l'aide duquel elles tendent leurs orifices respiratoires vers la surface pendant qu'elles fouillent la vase.

Syrphe ceinturé
imago (à gauche) et larve avec pucerons (à droite)

Syrphe manche à air

bandes blanches

Syrphe pyrastre

Volucelle bourdon

2 taches orangées

Éristale gluante

Mouche domestique
Musca domestica · F. Muscidés

Corps gris foncé, avec abdomen brun-jaune orné de dessins noirs sur le dessus et au bout.
LC 6-8 mm. PV presque toute l'année.
Habitat : très fréquente partout, surtout dans les maisons.
À savoir ! La Mouche domestique se nourrit de substances liquides. Elle peut cependant aussi mettre à profit des aliments solides et solubles (p. ex. du sucre) en les arrosant de salive pour ensuite les aspirer avec sa trompe en forme de tampon. Leurs larves se développent dans les matières en décomposition.

Mouche charbonneuse
Stomoxys calcitrans · F. Muscidés

Ressemble à une M. domestique, mais avec abdomen gris tacheté de foncé.
LC 6-8 mm ; pièces buccales modifiées en une trompe piqueuse tendue droit en avant. PV avril-oct.
Habitat : fréquente à proximité du bétail, dans les pâturages et les étables.
À savoir ! Sur les murs, la M. charbonneuse se pose généralement avec la tête dirigée vers le haut, alors que la M. domestique la tient toujours dirigée vers le bas. Elle suce de préférence le sang des chevaux, mais aussi celui des humains (qu'elle pique surtout aux mollets).

Scatophage du fumier
Scatophaga stercoraria · F. Scatophagidés

♂ (photo) avec pilosité jaune doré, qui est jaune plus verdâtre chez la ♀.
LC 5-10 mm. PV avril-oct.
Habitat : fréquent partout à proximité des pâturages de bovins.
À savoir ! Le S. du fumier apparaît toujours sur les bouses de vache fraîches. Il visite cependant aussi les fleurs et capture de petits insectes qu'il vide avec sa trompe. La femelle pond ses œufs à la surface des bouses. Les asticots, longs d'environ 10 mm, se développent à l'intérieur de celles-ci et les évident presque entièrement.

Mouche grise de la viande
Sarcophaga carnaria · F. Sarcophagidés

Grosse mouche grise longue de 13-15 mm, avec bandes longitudinales noires et taches en damier.
PV avril-oct.
Habitat : très fréquente partout.
À savoir ! Les larves ne se développent pas dans la viande, comme on le croyait, mais dans les vers de terre. La femelle dépose ses œufs au sol, à côté de l'entrée d'une galerie de ver de terre. Les asticots qui en éclosent pénètrent dans la galerie et s'enfoncent dans le ver. Ils tuent et dévorent ensuite celui-ci en quelques jours.

Tachinaire
Tachina fera · F. Tachinidés

Grande mouche au corps très large ; abdomen orangé sur les côtés, avec une bande longitudinale noire au milieu.
LC 9-16 mm ; avec de robustes soies hérissées au bout de l'abdomen. PV avril-oct.
Habitat : en général commune dans les clairières et sur les prairies.
À savoir ! Les larves se développent dans les chenilles de lépidoptères. Lors de proliférations de la Nonne, du Bombyx disparate et d'autres nuisibles forestiers, les T. des chenilles représentent d'importants régulateurs, qui déciment efficacement les populations de chenilles.

Mouche bleue
Calliphora vicina · F. Calliphoridés

Corps bleu-gris ou bleu-noir métalliques, abdomen avec taches foncées luisantes.
LC 8-12 mm. PV mars-nov.
Habitat : très fréquente partout.
À savoir ! Les femelles pénètrent souvent dans les cuisines et pondent leurs œufs blanchâtres en amas denses sur la viande non recouverte. Les asticots se développent en quelques jours, durant lesquels ils transforment leur nourriture en une bouillie nauséabonde. Comme ceux de la plupart des mouches, ils se nymphosent en un tonnelet brun foncé.

trompe en forme de tampon

Mouche domestique

trompe
piqueuse

Mouche charbonneuse

Scatophage du fumier
ou Mouche à merde

taches en damier
noir et blanc

Mouche grise de la viande
ou Mouche à damier

épines hérissées

Tachinaire

Mouche bleue

Allantus scrophulariae
Allantus scrophulariae · F. Tenthrédinidés

Antennes et pattes presque entièrement jaunes, abdomen annelé de noir et de jaune.
LC 11-14 mm. PV mai-août. Difficile à distinguer des nombreuses espèces apparentées.
Habitat : assez fréquente dans les lisières forestières et les milieux ouverts.
À savoir ! Comme tous les Tenthrèdes, l'*Allantus scrophulariae* se distingue par l'absence d'un fort rétrécissement de l'avant de l'abdomen (la fameuse « taille de guêpe ») et elle ne possède pas d'aiguillon. Son dessin imitant une guêpe fait cependant croire qu'elle est dangereuse. La femelle pond ses œufs dans les feuilles de différentes plantes, p. ex. des scrophulaires ou des molènes, sur lesquelles sa larve se développe. Celle-ci ressemble à une chenille de lépidoptère, mais s'en distingue par les nombreuses fausses pattes abdominales (les chenilles en ont au plus 5 paires) et la paire d'yeux simples sur la capsule céphalique (plusieurs de chaque côté chez les chenilles).

Cimbex du bouleau
Cimbex femorata · F. Cimbicidés

Corps très large, antennes terminées par une massue brune ou jaune en forme de bouton ; couleur de fond noire.
LC 17-23 mm. Abdomen entièrement noir ou rouge au milieu chez le ♂ (grande photo), entièrement noir, rouge ou jaune chez la ♀. PV mai-août.
Habitat : dans les lisières forestières ou les allées avec bouleaux, peu fréquent.
À savoir ! Ce grand hyménoptère totalement inoffensif creuse souvent des sillons annulaires autour des branches de bouleaux afin de boire la sève qui s'en écoule. Sa larve (petite photo), ressemble à une chenille et atteint 45 mm de longueur, elle est recouverte d'une couche  cireuse blanchâtre au début, puis devient verte avec une ligne dorsale foncée. Elle ne se développe que sur les bouleaux dont elle ronge les feuilles. §

Sirex géant
Urocerus gigas · F. Siricidés

Avec son corps long de 15-40 mm, souvent plus grand qu'une reine de frelon et ainsi le plus grand hyménoptère indigène.
Antennes, pattes, tache sur les côtés de la tête ainsi que partie postérieure de l'abdomen jaunes. PV juin-août.
Habitat : commun sur les conifères, surtout l'épicéa.
À savoir ! La pointe qui fait penser à un aiguillon est en fait un oviposteur que l'insecte range dans un fourreau au repos et qui prend naissance à l'avant de la face ventrale de l'abdomen. Lors de la ponte, la femelle déplie cette longue tarière, pouvant presque atteindre la longueur du corps, et l'enfonce souvent jusqu'à la base dans le bois ; l'œuf glisse ensuite le long d'un mince canal situé à l'intérieur de l'oviposteur pour être déposé dans le bois. La larve, cylindrique et ne disposant que de courts moignons de pattes, se développe plusieurs années dans le bois d'épicéa.

Cephus pygmaeus
Cephus pygmaeus · F. Céphidés

Corps cylindrique, étroit, sans taille de guêpe ; couleur noire, abdomen annelé de jaune.
LC 5-10 mm. PV mai-juil.
Habitat : assez fréquent au bord des chemins et sur les prairies.
À savoir ! Le *C. pygmaeus* s'observe régulièrement sur les plantes en fleurs, surtout sur les renoncules. La femelle (photo) possède un oviposteur court, dépassant légèrement l'abdomen. Elle s'en sert pour insérer ses œufs dans des tiges de céréales (de préférence celles de blé, de seigle ou d'orge). Les larves se développent à l'intérieur des tiges, ce qui explique la forme étroite et cylindrique de leur corps, que l'on retrouve plus tard chez les imagos. Leurs pattes fortement régressées sont un caractère typique des larves vivant dans les plantes. Les tiges attaquées ne forment que des épis rabougris. Lorsqu'elle apparaît en grand nombre, l'espèce peut causer des dégâts.

petite taille
de guêpe

Allantus scrophulariae

tache blanche

Cimbex du bouleau

long ovipositeur

Sirex géant

abdomen
étroit

Cephus pygmaeus

Dolichomitus imperator
Dolichomitus imperator · F. Ichneumonidés

Hyménoptère très élancé, noir avec pattes rouges ; ♀ (photo) avec un très long ovipositeur.
LC 20-35 mm. PV juin-oct.
Habitat : commun dans les forêts.
À savoir ! Cet imposant Ichneumon s'observe souvent sur les troncs couchés. La femelle y recherche des larves de coléoptères xylophages (généralement des Cérambycidés), qui sont les hôtes de ses propres larves. Grâce à son odorat très développé, elle repère les larves travaillant dans le bois, place son ovipositeur entre ses antennes et l'enfonce lentement dans le bois à l'aide de mouvements de rotation de tout le corps pour qu'il atteigne

la larve. Puis elle fait glisser un œuf dans le bois à travers l'ovipositeur. Sa larve, en forme d'asticot (petite photo), se nourrira de celle du coléoptère.

Ichneumon
Ichneumon stramentarius ·
F. Ichneumonidés

Corps noir, moitié antérieure de l'abdomen orangée, scutellum, bout de l'abdomen et milieu des antennes jaune-blanc. Pattes marquées de jaune.
LC 14-18 mm. Présent toute l'année.
Habitat : fréquent dans les forêts et leurs lisières.
À savoir ! Cet hyménoptère au dessin frappant se trouve souvent en hiver sous l'écorce des arbres morts. Comme celles de nombreuses espèces apparentées, ses larves parasitent les chenilles de différentes espèces de lépidoptères. Différentes espèces d'Ichneumons peuvent parasiter la même espèce hôte, mais généralement de manière différente. Ainsi, certains Ichneumons vivent à l'intérieur de l'hôte, d'autres à l'extérieur. Certains se nymphosent à l'intérieur de la nymphe hôte, alors que d'autres quittent un hôte mourant avant la nymphose et se tissent un cocon à côté.

Agriotypus armatus
Agriotypus armatus · F. Ichneumonidés

Noir avec abdomen nettement pétiolé, ailes tachetées de foncé.
LC 6-10 mm. PV avril-mai.
Habitat : commun par régions au bord des cours d'eau propres.
À savoir ! Cet hyménoptère se développe dans les larves de trichoptères. La femelle descend sous l'eau, y cherche un fourreau construit avec des petites pierres, généralement ceux des larves du genre *Goera* ou *Silo* (⇨ p. 82), et colle un œuf sur la larve. La larve de l'Ichneumon se nourrit de la larve hôte jusqu'à la fin de l'été et se tisse un cocon dans le fourreau. Sur le côté, elle laisse dépasser une bande de fils de soie tissés, plate, gris foncé, pouvant mesurer 20 mm de longueur ou davantage (photo du bas). Cette bande contient de l'air (dont la provenance est inconnue) et fournit de l'oxygène à la nymphe ainsi que plus tard à l'imago hivernant dans le cocon. L'Ichneumon achevé ne quitte finalement l'eau qu'au printemps suivant.

Praon
Praon sp. · F. Braconidés

Hyménoptère très petit, foncé, avec une nervation alaire très réduite.
Longueur des ailes 2-3 mm. PV avril-sept. (Imago non illustré).
Habitat : fréquent partout au bord des chemins, sur les prairies et en milieu urbain.
À savoir ! Le Praon se nourrit de miellat, une sécrétion sucrée produite par les pucerons. Ceux-ci servent aussi d'hôtes aux larves de Praon. Lors de la ponte, la femelle recourbe l'abdomen vers l'avant, sous ses pattes, saisit un puceron avec ses appendices en forme de pince et pond un œuf dans le corps de ce dernier à l'aide de l'ovipositeur. La larve de Praon dévore et vide le puceron de l'intérieur, si bien qu'il ne reste finalement de l'insecte qu'une dépouille extérieurement intacte. À la fin, la larve se nymphose sous cette dépouille, dans un cocon en forme de socle conique (photo). Les larves des autres espèces de cette famille se nymphosent à l'intérieur du puceron.

Dolichomitus imperator

Ichneumon stramentarius

bande antennaire blanche

bande de soie tissée

Agriotypus armatus

dépouille de puceron

cocon

Praon

Cynips des galles-pommes du chêne
Biorhiza pallida · F. Cynipidés

Ailes souvent manquantes, faisant ainsi fortement penser à une fourmi, mais abdomen aplati latéralement.
LC 3-5 mm. Nov.-janv. et juin-juil.
Habitat : assez fréquent presque partout dans les chênaies.
À savoir ! Ce Cynipidé apparaît chaque année en 2 générations d'aspect nettement différent, qui étaient autrefois prises pour 2 espèces distinctes. La première se compose uniquement de femelles aptères, qui éclosent au milieu de l'hiver de galles bulbeuses situées sur les racines des chênes (petite photo de gauche). Ces femelles se frayent un chemin jusqu'à la surface du sol, parcourent le sol (ou la neige) et grimpent sur un chêne, où elles pondent leurs œufs, formés par parthénogenèse, sur des bourgeons au repos (grande photo de gauche). Du printemps à l'été, ces bourgeons produisent alors des galles spongieuses (grande photo de droite) atteignant 2-3 cm de diamètre

et faisant d'abord penser à des petites pommes puis à des pommes de terre. De nombreuses larves s'y développent dans des petites loges (petite photo de droite). Elles donneront naissance à des imagos mâles ailés et à des imagos femelles ailés ou munis d'ailes atrophiées. Après l'accouplement, les femelles de cette deuxième génération s'enfoncent dans le sol et pondent leurs œufs sur les racines des chênes. Des galles se forment alors à nouveau sur les racines, d'où sortiront les individus aptères de la génération d'hiver.

Cynips des galles striées du chêne
Cynips longiventris · F. Cynipidés

Brun-gris, abdomen aplati latéralement ; toujours ailé.
LC 3-4 mm. PV déc.-janv. et mai-juin. (Imago non illustré).
Habitat : commun dans les chênaies.
À savoir ! Cette espèce forme elle aussi 2 générations par an. La première, uniquement composée de femelles ailées, se développe sur les feuilles des chênes, dans des galles jaunes rayées de rouge (photo). Les individus éclosent au milieu de l'hiver. La génération bisexuée se développe à partir du printemps dans des galles de bourgeons peu apparentes, de seulement 2 mm de diamètre.

Proche Les galles du **Cynips des galles-cerises du chêne** (*Cynips quercusfolii*) atteignent 2 cm et font penser à des petites pommes.

Cynips du rosier
Diplolepis rosae · F. Cynipidés

Noir, avec abdomen rouge comprimé latéralement.
LC 2,5-4 mm. PV mars-mai. (Imago non illustré).
Habitat : dans les lisières forestières et les haies ; fréquent partout.
À savoir ! Le Cynips du rosier ne présente pas d'alternance de générations. Il se reproduit presque exclusivement par parthénogenèse et les mâles n'apparaissent que très rarement. Ce Cynips provoque sur les rosiers l'apparition de galles appelées « bédégars » (grande photo). Cette galle, atteignant 5 cm de diamètre, est ornée de nombreux filaments fortement ramifiés. L'intérieur comporte de nombreuses loges

contenant chacune une larve (petite photo). Une part importante des habitants des galles est cependant parasitée.

Cynips des galles-pommes du chêne
femelle lors de la ponte (à gauche) et galle de la génération d'été (à droite)

dessin
de bandes rouges

excroissances
chevelues, ramifiées

Cynips des galles striées du chêne

Cynips du rosier

Chryside noble
Hedychrum nobile · F. Chrysididés

Hyménoptère plutôt trapu, avec une partie thoracique vert métallique et rouge doré ainsi qu'un abdomen rouge métallique.
LC 7-9 mm. PV juil.-août.
Habitat : commune dans les endroits sablonneux et ouverts.
À savoir ! La Chryside noble se développe généralement en parasitant les nids du Cercéris des sables (⇨ p. 170). On la rencontre de ce fait souvent à proximité des nids de ces hyménoptères sociables. Elle met à profit une brève absence du Cercéris pour pénétrer dans son nid et déposer un œuf sur la proie que celui-ci a apportée, à côté de l'œuf du propriétaire du nid. La larve de la Chryside ne s'intéresse cependant pas à la réserve de nourriture, mais dévore la larve du Cercéris.

Proche La **Chryside enflammée** *(Hedychridium roseum)*, nettement plus petite, a un abdomen couleur chair, non métallique.

Mutile européenne
Mutilla europaea · F. Mutillidés

Abdomen avec 3 bandes blanches et poilues ; ♂ (petite photo) avec ailes brun foncé, ♀ (grande photo) aptère.
LC 10-17 mm ; thorax roux au milieu, sinon noir comme le reste du corps. PV mai-août.
Habitat : dans les milieux secs et ouverts ; assez rare partout.
À savoir ! La femelle, incapable de voler, possède un long dard recourbé avec lequel elle peut infliger de cuisantes piqûres à l'homme. Lorsqu'on la dérange, elle menace l'intrus en produisant des stridulations assez fortes par des mouvements rapides de son abdomen.

Pour pondre, la Mutile européenne pénètre dans les nids des bourdons, de préférence ceux du Bourdon des champs (⇨ p. 174), où elle est manifestement tolérée par les ouvrières. Les larves parasitent les larves des bourdons. La Mutile européenne se multiplie parfois au point qu'il y a plus de mutiles que de bourdons qui éclosent dans un nid de bourdons. §

Scolie hirsute
Scolia hirta · F. Scoliidés

Hyménoptère noir brillant, recouvert de poils hérissés, avec 2 ou 3 larges bandes jaunes sur l'abdomen.
LC 12-25 mm. Ailes brun foncé avec un éclat bleu. PV juil.-sept.
Habitat : dans les endroits très chauds et ouverts, en particulier sur sols sablonneux ; très rare en Eur. moy., plus fréquente dans la région méditerranéenne.
À savoir ! La Scolie hirsute visite souvent les fleurs, en particulier celles qui sont bleues ou violettes. Sa larve se développe sur les larves de Mélolonthidés (⇨ p. 110 et ss.). Pour pondre, la femelle repère une larve de hanneton vivant sous terre et la rejoint en creusant. Elle paralyse la larve en la piquant, colle un œuf sur sa face ventrale et retourne à la surface du sol. §

Proche La **Scolie à 6 taches** *(Elis sexmaculata)* est répandue dans la région méditerranéenne. Elle porte 6 taches jaunes sur l'abdomen et ses ailes sont teintées de brun.

pronotum rouge doré à l'avant

abdomen rouge
métallique

Chryside noble

bandes blanches

Mutile européenne

bandes jaunes

antennes courtes
et épaisses

Scolie hirsute

Fourmi rousse
Formica rufa · F. Formicidés

Dessus de la tête et du thorax, pattes et abdomen brun-noir, reste du corps rougeâtre.
LC 4-11 mm. Présente toute l'année.
Habitat : généralement commune dans les lisières forestières et les endroits ouverts des forêts.
À savoir ! La Fourmi rousse vit dans les fameuses fourmilières en forme de dôme, atteignant plus de 1 m de hauteur, généralement composées d'aiguilles d'épicéas (petite photo). Au milieu se trouve généralement une souche, et le système de galeries souterrain est à peu près aussi grand que le dôme extérieur. La colonie n'est

généralement menée que par une seule reine. Comme tous les Formicinés, elles n'ont pas d'aiguillon ; pour se défendre, les ouvrières projettent l'acide directement depuis l'abdomen, en recourbant celui-ci entre leurs pattes (grande photo à droite). Elles nourrissent leurs larves avec de grandes quantités d'insectes et jouent ainsi un important rôle de « police de la forêt ».

Fourmi charpentière
Camponotus ligniperda · F. Formicidés

Avec son corps long de 6-18 mm, la plus grande fourmi indigène ; tête et majeure partie de l'abdomen noirs, sinon rousse.
Présente toute l'année.
Habitat : commune dans les lisières forestières ensoleillées des régions montagneuses.
À savoir ! La F. charpentière niche dans le bois mort ou sous les pierres. Les individus sexués essaiment au printemps. Après l'accouplement, les femelles perdent leurs ailes et fondent une nouvelle colonie. Elles font fondre leur musculature alaire pour nourrir les larves avec le liquide ainsi obtenu (photo).

Fourmi jaune des prairies
Lasius flavus · F. Formicidés

Fourmi jaunâtre clair, individus sexués nettement plus foncés.
LC 2-9 mm. Présente toute l'année.
Habitat : fréquente sur les terrains ouverts.
À savoir ! La F. jaune construit des monticules de terre atteignant 50 cm de hauteur, qui sont entièrement recouverts d'herbes et d'autres plantes. Les fourmis vivent des sécrétions des pucerons de racines qu'elles élèvent dans des loges souterraines. Elles ne viennent que rarement en surface. Les nymphes sont enveloppées dans le cocon parcheminé typique des Formicinés.

Fourmi noire des jardins
Lasius niger · F. Formicidés

Fourmi brun foncé à presque noire, très poilue.
LC 3-9 mm. Présente toute l'année.
Habitat : sans doute l'espèce de fourmi indigène la plus fréquente ; apparaît aussi régulièrement dans les jardins et les habitations.
À savoir ! La Fourmi noire se nourrit en suçant les sécrétions sucrées produites par les pucerons et les cochenilles. Les fourmis recouvrent souvent les colonies de leurs « vaches à lait » d'une couche de terre. Malheureusement, elles s'attaquent aussi aux denrées sucrées.

Fourmi des gazons
Tetramorium caespitum · F. Formicidés

Avec 2 petits nœuds entre le thorax et l'abdomen ; brun foncé.
LC 2,5-8 mm ; angles postérieurs du thorax dentés. Présente toute l'année.
Habitat : assez fréquente dans les milieux ouverts et secs.
À savoir ! En tant que Myrmiciné (fourmis avec pétiole à 2 nœuds), la Fourmi des gazons possède un aiguillon et ses nymphes ne sont pas entourées d'un cocon (sur la photo, les grandes nymphes des individus sexués). L'espèce niche sous les pierres ou librement dans le sol.

Fourmi rousse
ouvrières avec proie (à gauche), ouvrière projetant de l'acide formique (à droite)

Fourmi charpentière
jeune reine avec œufs

Fourmi jaune des prairies
avec cocons d'individus sexués

Fourmi noire des jardins
lors de la traite des pucerons

Fourmi des gazons
avec nymphes d'individus sexués

Frelon européen
Vespa crabro · F. Vespidés

Hyménoptère particulièrement grand, corps long de 18-35 mm, coloré de jaune, noir et rouge.
Présent toute l'année.
Habitat : en général commun dans les forêts, les lisières forestières et en zone urbaine, mais abondance variable selon les années.
À savoir ! Comme tous les Vespidés, le Frelon replie ses ailes dans le sens de la longueur au repos ; celles-ci paraissent ainsi très étroites sur l'insecte posé (photo de gauche). Le Frelon construit son nid à partir de fibres de bois vermoulu additionnées de salive et malaxées. Cette construction se compose de rayons superposés, entourés d'une enveloppe (photo de droite). Les ouvertures des alvéoles sont toujours dirigées vers le bas, l'enveloppe est en général largement ouverte en bas. En fin de saison, le nid peut atteindre une hauteur de 70 cm. La colonie de frelons se compose d'une reine et de plusieurs centaines d'ouvrières. La première ne fait que pondre des œufs, alors que les ouvrières, également femelles, s'occupent de tout ce qui concerne l'alimentation et la construction du nid. Les mâles se développent à la fin de l'été ; ils ont pour seule tâche de féconder les jeunes femelles. L'ensemble de la colonie périt en automne, excepté les jeunes femelles fécondées qui passent l'hiver dans un endroit abrité. Au printemps suivant, elles fondent chacune une nouvelle colonie dont elles deviennent les jeunes reines (photo de gauche). §

Proche Chez les reines de la **Guêpe des buissons** (*Dolichovespula media*), le thorax est également noir et rouge, mais l'abdomen seulement noir et jaune. Avec un corps long de 18-22 mm, elle est aussi grande qu'une ouvrière de Frelon. Les ouvrières de cette espèce assez rare n'ont pas de rouge.

Guêpe commune
Vespula vulgaris · F. Vespidés

Espace entre l'œil et le point d'insertion de la mandibule très court (typique du genre *Vespula*), clypéus (pièce sous le front) jaune avec dessin noir en forme de T.
LC 11-19 mm. Présente toute l'année.
Habitat : très fréquente partout ; le Vespidé le plus abondant dans la plupart des régions.
À savoir ! La Guêpe commune nourrit ses larves principalement de viande, en particulier de diptères. Elle se rend ainsi tout à fait utile. Les guêpes elles-mêmes ne peuvent cependant absorber que de la nourriture liquide. Outre le nectar, elles apprécient beaucoup les sucreries et peuvent devenir extrêmement agaçantes lors des repas pris à l'extérieur. Elles partagent cette désagréable habitude avec la Guêpe germanique (⇨ p. 164). Les autres Vespidés indigènes, par exemple le Frelon ou la Guêpe saxonne (⇨ p. 164), ne deviennent en revanche jamais envahissants.
Les nids de la Guêpe commune sont toujours construits dans des endroits cachés et sombres, par exemple dans les anciens nids de souris ou dans les combles. Comme ceux du Frelon, ils se composent de fibres de bois pourri, ce qui explique leur coloration jaunâtre. Ils peuvent présenter un diamètre de plus de 50 cm, parfois même d'environ 1 m. Les plus grands nids abritent environ 7000 individus. Comme chez le Frelon, la colonie entière est menée par une seule reine (l'individu nettement plus grand que les autres sur la photo) ; tous les autres occupants du nid sont ses descendants.

Proche La **Guêpe rousse** (*Vespula rufa*), assez fréquente sur les prés secs, présente un dessin semblable sur la tête, mais ses segments abdominaux antérieurs sont teintés de rouge.

Frelon européen
jeune reine (à gauche) et grand nid (à droite)

reine

ouvrière

Guêpe commune
reine (grand individu) et ouvrières (petits individus)

Guêpe germanique
Vespula germanica · F. Vespidés

Clypéus généralement avec 3 points noirs ; bandes jaunes sur les côtés du thorax élargies en triangle vers le bas.
LC 13-19 mm ; fait partie, comme la Guêpe commune (⇨ p. 162), des guêpes à joues courtes. Présente toute l'année.
Habitat : très fréquente partout, presque aussi abondante que la Guêpe commune.
À savoir ! À l'instar de la G. commune, la G. germanique niche toujours dans des endroits cachés, en partie sous terre et en partie au-dessus. Ses nids (petite photo) aussi atteignent parfois près de 1 m de diamètre, et les colonies peuvent également compter jusqu'à 7 000 individus. Contrairement à la G. commune, la G. germanique préfère cependant le bois mort gris, mais pas encore

pourri comme matériau de construction ; ses nids ne sont de ce fait pas jaunâtres, mais largement gris.

Guêpe saxonne
Dolichovespula saxonica · F. Vespidés

Clypéus généralement avec dessin à 3 pointes en forme de feuille d'érable.
LC 11-18 mm ; guêpe à joues longues, c.-à-d. avec un grand espace entre l'œil et la base des mandibules. Présente toute l'année.
Habitat : fréquente partout.
À savoir ! La G. saxonne construit ses nids gris au-dessus du sol, dans des endroits assez ouverts, p. ex. sous les ponts, mais aussi dans les greniers, où ils sont suspendus librement (photo). Les nids n'atteignent que 20-30 cm de diamètre, avec une colonie de seulement 200-300 individus. Elle ne recherche pas les subsances sucrées et n'est pas dérangeante.

Proche Chez la **Guêpe adultérine**
(Dolichovespula adulterina), la bande thoracique latérale est étirée en pointe vers le bas. Elle vit en parasite dans le nid de la G. saxonne.

Poliste
Polistes dominulus · F. Vespidés

Plus élancé que la G. germanique ; antennes uniformément jaunes (petite photo), clypéus entièrement jaune ou avec tache noire.
LC 12-18 mm. Présent toute l'année.
Habitat : dans les milieux ouverts et secs, également dans les jardins.
À savoir ! Les nids du Poliste se composent d'un unique rayon fixé au support par un pédoncule (grande photo). Les alvéoles (ou cellules) sont généralement dirigées en biais vers le bas ou de côté. Plusieurs jeunes reines peuvent collaborer à l'édification du nid ; on constate cependant que l'une d'entre elles devient dominante dégrade les autres, pour ainsi dire, en ouvrières. Les nids sont

généralement bien cachés, par exemple sous des tuiles ou dans les niches des bâtiments.

Odynère commun
Odynerus spinipes · F. Vespidés

Guêpe gracile, assez petite ; dessin jaune peu étendu.
LC 10-13 mm. PV mai-juil.
Habitat : dans les milieux ouverts et secs, en particulier sur les parois argileuses abruptes ; assez fréquent.
À savoir ! Cette « Guêpe maçonne » creuse, de préférence dans les sols consolidés et surtout sur les murs verticaux, des galeries qui se ramifient et se terminent chacune par une cellule ovale. Elle colle les matériaux excavés tout autour de l'ouverture, jusqu'à former un petit tube courbé s'allongeant vers le bas, atteignant 5 cm de long (photo). Sa construction terminée, elle pond un œuf au fond de chaque cellule et y apporte, comme nourriture pour ses futures larves, des larves d'un charançon du genre *Phytonomus*, qu'elle paralyse auparavant par une piqûre dans le système nerveux. De temps à autre, l'espèce colonise aussi des surfaces horizontales ; les tubes sont alors courbés de côté.

Guêpe germanique
sur l'enveloppe du nid

Guêpe saxonne
nid avec enveloppe

rayon ouvert

Poliste

Ocynère commun
portant une larve de charançon dans son nid

Pompile commun
Anoplius viaticus · F. Pompilidés

Partie antérieure de l'abdomen rouge avec bords postérieurs des plaques dorsales foncés, ailes teintées de brun foncé.
LC 8-14 mm. Présent presque toute l'année.
Habitat : assez fréquent dans les milieux sablonneux et ouverts.
À savoir ! Les imagos éclosent en plein été et s'accouplent peu après. Seule la femelle hiverne. Au printemps, elle recherche des araignées-loups, qu'elle paralyse après une brève lutte par une piqûre dans le système nerveux. La guêpe emmène ensuite sa proie vers une surface sablonneuse ouverte en la traînant à reculons. Pour ce faire, elle saisit avec ses mandibules une hanche postérieure de l'araignée (grande photo). Arrivée au but, elle dépose sa proie un court instant et commence à creuser une galerie (petite photo) conduisant en oblique dans le sol et s'élargissant en une petite cavité au bout. Elle y entraîne ensuite l'araignée, dépose

un œuf sur cette dernière et referme le nid en tassant le sable avec son abdomen racourbé.

Pompile charbonnier
Auplopus carbonarius · F. Pompilidés

Guêpe entièrement noire avec de très longues pattes et des ailes foncées.
LC 7-10 mm. PV juin-août.
Habitat : fort fréquent dans les lisières forestières, les gravières et surtout en milieu urbain.
À savoir ! À partir de matériaux fins mêlés de salive, le Pompile charbonnier construit des cellules en forme de barils, qu'il dispose côte à côte (petite photo). Comme lieux de nidification, il choisit des cavités de toute sorte, par exemple des coquilles d'escargots vides, des coffrages en bois ou des galeries abandonnées par d'autres hyménoptères. Le P. charbonnier chasse les araignées les plus diverses. Puisque, comme tous les Pompilidés, il ne capture toujours qu'une seule araignée par cellule construite et que chaque larve a besoin de plus de nourriture que l'équivalent de sa future taille, la proie est presque toujours nettement plus grande que la guêpe. Celle-ci transporte généralement l'araignée en marchant en

avant et en la saisissant par les filières. Elle a l'habitude de sectionner les pattes de ses proies.

Pompile à pattes rouges
Episyron rufipes · F. Pompilidés

Côtés du 2e et généralement aussi du 3e segment abdominal tachetés de blanc, pattes en partie rouges.
LC 8-13 mm. PV juin-août.
Habitat : dans les milieux sablonneux et secs ; peu fréquent.
À savoir ! Cette guêpe est spécialisée sur les Aranéidés. Elle attaque l'araignée sur sa toile, la paralyse avec une piqûre et la transporte, comme presque toutes les espèces de cette famille, à reculons vers le lieu de nidification. Elle y creuse une galerie dans laquelle elle dépose sa proie.

Pompile tacheté
Ceropales maculata · F. Pompilidés

Tête, thorax et abdomen tachetés de blanc, pattes rouges, bout de l'abdomen prolongé en pointe chez la ♀ (photo).
LC 7-9 mm. PV mai-sept.
Habitat : sur les surfaces sablonneuses ouvertes, p. ex. dans les sablières et sur les dunes de l'intérieur des terres ; peu fréquent.
À savoir ! Le P. tacheté se développe en parasitant le **Pompile cendré** *(Pompilus cinereus)*. Il attaque un P. cendré portant sa proie et glisse un œuf dans l'orifice respiratoire de l'araignée. Par la suite, la larve du P. tacheté tue celle du P. Cendré et dévore petit à petit l'araignée.

Pompile commun
femelle ayant capturé une araignée-loup

pattes sectionnées

Pompile charbonnier

tache
blanche

pattes rouges

Pompile à pattes rouges

bandes blanches

pattes
rouges

Pompile tacheté

Ammophile pubescente
Ammophila pubescens · F. Sphécidés

1er segment abdominal aminci en un long et mince pétiole, partie antérieure de l'abdomen rouge
LC 13-19 mm. PV juin-sept.
Habitat : assez fréquente dans les régions sablonneuses.
À savoir ! Comme la plupart des représentants de sa famille, cette guêpe fouisseuse capture plusieurs proies pour nourrir un seul descendant. Avant de partir à la chasse, elle commence par creuser dans le sol une galerie verticale d'environ 5 cm de long, qui s'élargit au bout en une spacieuse cavité. Elle en ferme ensuite l'entrée avec 3-5 petites pierres et revient bientôt au nid avec une chenille fraîchement capturée (qu'elle immo-

bilise au moyen d'une piqûre à la façon des Pompilidés). Après avoir ôté les petites pierres qui obstruent l'entrée de son nid, elle entraîne la chenille vers le fond de la galerie, dépose un œuf sur la proie, remonte à la surface et referme à nouveau l'ouverture avec les mêmes petites pierres. Après cette première phase de soins donnés à sa descendance, elle se consacre à d'autres activités. Après 2 jours, lorsque la larve a éclos, la guêpe apporte à nouveau 1-2 chenilles au nid (2e phase, petite photo). Le processus se répète après 1-2 jours avec 3-7 nouvelles chenilles (3e phase). Ce n'est qu'après cette troisième phase que l'adulte ferme définitivement le nid en projetant du sable sur les mêmes petites pierres qui obturent toujours l'entrée de la galerie. §

Proche La très ressemblante **Ammophile des champs** (*Ammophila campestris*) capture des larves de Tenthrèdes. Elle ferme son nid avec du sable provenant d'un petit trou creusé à côté de l'entrée du nid.

Philanthe apivore
Philanthus triangulum · F. Sphécidés

Abdomen jaune, chaque segment avec une bande noire élargie au milieu; la face est jaune dans sa moitié inférieure (petite photo à gauche) et porte un dessin de « petite couronne » en haut.
LC 8-17 mm. PV juin-sept.
Habitat : fréquente sur les surfaces sablonneuses ouvertes et les parois argileuses abruptes.
À savoir ! Le Philanthe apivore chasse les abeilles. Et comme il forme parfois de grandes colonies à proximité des ruchers, il n'est guère apprécié des apiculteurs. Il attaque ses proies lorsque celles-ci visitent les fleurs et les pique dans le système nerveux en profitant de l'effet de surprise de son attaque éclair. Et même si l'abeille parvient encore à se servir de son propre

aiguillon, celui-ci glisse constamment sur les segments abdominaux lisses du Philanthe, si bien que ce dernier sort toujours vainqueur de la brève bataille. Après cela, le P. apivore presse sur l'abdomen de sa victime immobilisée et se nourrit de la goutte de miel qu'il fait ainsi sortir de la bouche de sa proie (grande photo). Finalement, il s'envole avec l'abeille pour l'amener à son nid. Celui-ci se compose d'une galerie pouvant atteindre 1 m de long, qui se ramifie au bout et dont chaque bras mène à une cellule ovale. Le nombre de proies apportées dépend du sexe des larves : les cellules contenant des larves mâles sont pourvues de 1-3 proies, celles avec des larves femelles de 3-6 abeilles.

long pétiole abdominal

Ammophile pubescente

Philanthe apivore
suçant le nectar sur une abeille capturée

Astata boops
Astata boops · F. Sphécidés

Plutôt trapu, abdomen rouge à l'avant ; les yeux se touchent en haut chez le ♂.
LC 10-12 mm. PV juin-sept.
Habitat : assez fréquent dans les endroits ouverts et sablonneux.
À savoir ! Ce petit Sphécidé agile se regroupe avec plusieurs individus pour nicher. Comme nourriture pour ses larves, il capture exclusivement des larves de punaises Scutellaires. Il dépose d'abord ses proies à l'entrée du nid, afin d'en dégager l'ouverture, puis les descend dans le nid. Il est aussi parasité par la Chryside enflammée (⇨ p. 158).

Cercéris des sables
Cerceris arenaria · F. Sphécidés

Segments abdominaux nettement étranglés à l'avant, faisant paraître l'abdomen noueux.
LC 10-15 mm. PV mai-sept.
Habitat : sur les surfaces sablonneuses ouvertes, landes et sablières ; fréquent.
À savoir ! Le C. des sables niche généralement en colonies. Il creuse des galeries verticales dans le sol et entasse les déblais en cratère autour de l'ouverture. Comme nourriture pour ses larves, il capture des charançons, avec lesquels il disparaît la tête la première dans la galerie. Il est parasité par la Chryside noble (⇨ p. 158).

Bembix rostrata
Bembix rostrata · F. Sphécidés

Hyménoptère assez grand avec un corps long de 15-22 mm, blanc-jaune à jaune citron.
Labre prolongé vers le bas en forme de bec.
PV juin-sept.
Habitat : généralement sur les grandes surfaces sablonneuses, surtout sur les dunes de l'intérieur des terres ; devenu rare presque partout.
À savoir ! Comme l'Ammophile pubescente (⇨ p. 168), le *Bembix rostrata* élève réellement sa progéniture, c'est-à-dire qu'il est en contact direct avec ses larves, alors que chez presque toutes les autres guêpes fouisseuses, les soins se terminent avec la ponte. La femelle creuse une galerie longue d'environ 10 cm s'élargissant au bout en une loge. Après la ponte et plus tard après l'éclosion des larves, elle apporte de nombreux diptères au nid (parfois plus de 50 par larve ! ⇨ grande photo). À chaque fois qu'elle quitte le nid, elle

en recouvre l'entrée de sable afin de la dissimuler. §

Oxybelus argentatus
Oxybelus argentatus · F. Sphécidés

Avec un post-scutellum à 3 pointes derrière le scutellum, pointe médiane noire, les latérales jaunes.
LC 8-10 mm. PV juin-août.
Habitat : sur les surfaces sablonneuses ouvertes ; peu fréquent.
À savoir ! Toutes les espèces d'Oxybèles capturent exclusivement des diptères, qui sont souvent plus grands que l'Oxybèle même. Après la piqûre, celui-ci transporte sa proie embrochée sur l'aiguillon, en soutenant sa lourde charge avec les pattes postérieures (photo).

Melline des champs
Mellinus arvensis · F. Sphécidés

Abdomen avec 4 bandes jaunes, dont l'avant-dernière est interrompue au milieu.
LC 7-14 mm. PV juil.-oct.
Habitat : commune dans les bordures de chemins sablonneuses.
À savoir ! La M. des champs, une des dernières guêpes fouisseuses de l'année, est encore active durant les jours chauds d'octobre. Elle capture des mouches, et cela surtout sur les bouses de vache et d'autres excréments. Mais toutes les proies ne conviennent pas à ses larves. Elle malaxe souvent ses proies avec ses pièces buccales puis lèche le liquide qui s'en écoule.

Astata boops
avec larve de punaise

Cercéris des sables
avec charançon

Bembix rostrata
dégageant l'entrée de son nid tout en portant une proie

Oxybelus argentatus
avec diptère

Melline des champs
avec mouche

Abeille domestique
Apis mellifera · F. Apidés

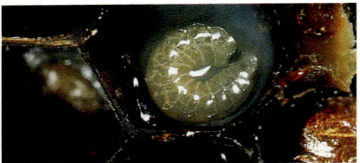

Couleur de fond brune, segments abdominaux antérieurs souvent jaunes ou rougeâtres, face dorsale des segments abdominaux avec bandes feutrées grises ou brunâtre clair.
LC 11-18 mm; ouvrières (♀ stériles) avec « corbeilles à pollen » sur les pattes postérieures (voir ci-dessous), reine (♀ fertile) avec abdomen allongé (grande photo en bas à gauche), faux bourdon (♂) avec yeux fortement agrandis (individu à gauche du centre de la grande photo du haut). Présente toute l'année.
Habitat : très fréquente partout.
À savoir ! Avec le Bombyx du mûrier élevé en Chine pour la production de soie, l'Abeille domestique est le seul insecte véritablement domestiqué par l'homme. Une colonie d'abeilles domestiques compte jusqu'à 8 000 ouvrières, mais ne comporte toujours qu'une seule reine. Les alvéoles, hexagonales et disposées horizontalement, sont construites à partir des plaquettes de cire que les jeunes ouvrières sécrètent par les glandes cirières situées sur la face ventrale de leur abdomen. Ces alvéoles sont collées les unes aux autres jusqu'à former de grands rayons très réguliers. Les alvéoles des rayons situés à l'intérieur du nid ou de la ruche contiennent le couvain, alors que les rayons extérieurs ainsi que les cellules extérieures des rayons intérieurs contiennent les réserves de nourriture, le pollen et le miel. Ce dernier provient du nectar récolté par les ouvrières, qui a été épaissi et mélangé à des adjuvants. Le pollen est transporté au nid dans des petites « corbeilles » situées sur les côtés extérieurs des tibias postérieurs et qui se composent d'une surface glabre délimitée par des soies raides. Lorsque des butineuses reviennent d'un endroit riche en pollen, elles en informent les autres par une danse particulière. La direction, l'intensité et la rapidité des mouvements de cette danse leur permettent de transmettre des informations sur la distance et l'abondance de la source de nourriture ainsi que sur la direction où celle-ci se trouve à partir de la ruche.

Les larves (petite photo en haut à gauche) sont dans un premier temps nourries à l'aide d'une sécrétion particulière, la gelée royale, et plus tard avec du pollen et du miel. Elles se développent ensuite en nymphes (petite photo en haut à droite) puis en ouvrières en 3 semaines. Les faux bourdons se développent à la fin du printemps, dans des alvéoles légèrement plus grandes. Au même moment, dans des alvéoles royales beaucoup plus grandes situées au bord des rayons (petite photo ci-dessous), les ouvrières élèvent des jeunes reines en les nourrissant exclusivement de gelée royale. Peu avant l'éclosion d'une nouvelle reine, l'ancienne s'en va avec une partie de la colonie. Il se forme alors un essaim (grande photo en bas à droite) tandis que les éclaireuses cherchent un domicile approprié, dans lequel tout l'essaim emménage ensuite. La nouvelle reine fraîchement éclose commence par tuer ses concurrentes non encore écloses en les piquant alors qu'elles reposent encore dans leurs alvéoles royales. Elle effectue ensuite son vol nuptial, au cours duquel elle s'accouple généralement avec plusieurs faux bourdons. Après cela, elle ne quittera à nouveau le nid que l'année suivante,

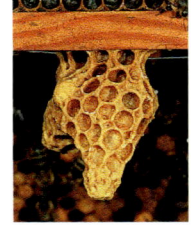

lorsqu'elle sera à son tour relayée par une nouvelle reine. Sa seule tâche consiste dorénavant à pondre des œufs en étant constamment dorlotée par sa « cour » (grande photo en bas à gauche).

faux bourdon

ouvrière

reine

Abeille domestique

Bourdon des champs
Bombus pascuorum · F. Apidés

Thorax orangé, abdomen recouvert de poils gris à l'avant, orangés à l'arrière.
LC 9-18 mm. Présent toute l'année.
Habitat : fréquent partout.
À savoir ! Seule la jeune reine hiverne et fonde une nouvelle colonie annuelle au printemps. Elle commence par construire, sous terre ou au-dessus (p. ex. dans un ancien nid de souris), un petit pot en cire qu'elle remplit de nectar à titre de réserve de nourriture. Après cela, elle confectionne une coupelle en cire, la remplit de pollen et y pond environ 10 œufs. Après l'éclosion des larves, elle ajoute sur les côtés

de la coupelle des poches en cire qu'elle remplit également de pollen (petite photo). Les larves accèdent à ces poches en rongeant la paroi de la coupelle ; le nid s'agrandit ainsi pour atteindre 2 cm, puis les larves se nymphosent. Dès que les premières ouvrières éclosent, celles-ci prennent en charge le couvain et l'entretien du nid. La reine peut à présent se consacrer entièrement et uniquement à la ponte. §

Bourdon terrestre
Bombus terrestris · F. Apidés

Thorax et abdomen avec bande jaune à l'avant, bout de l'abdomen blanc.
LC 11-23 mm. Présent toute l'année. Se confond facilement avec d'autres espèces plus rares.
Habitat : fréquent partout.
À savoir ! Le B. terrestre niche presque toujours dans des cavités souterraines. Abritant jusqu'à 600 individus, ses nids sont les plus peuplés de tous ceux des espèces de bourdons indigènes. Avec sa « trompe » courte, il ne peut atteindre le nectar des fleurs profondes qu'en les perçant depuis l'arrière. §

Bourdon des pierres
Bombus lapidarius · F. Apidés

Entièrement noir avec bout de l'abdomen rouge ; ♂ avec anneau jaune sur le thorax.
LC 12-22 mm. Présent toute l'année.
Habitat : fréquent partout.
À savoir ! Le B. des pierres niche aussi bien sous terre qu'au-dessus, p. ex. souvent dans les nichoirs pour oiseaux. Il entoure les alvéoles contenant le couvain avec des matériaux préparés à l'avance et recouvre tout le nid d'une fine coupole de cire. Les ouvrières sont fort agressives aux alentours du nid, en particulier si celui-ci est ouvert de force. §

Bourdon des prés
Bombus pratorum · F. Apidés

Avant du thorax et de l'abdomen avec bande jaune ; bout de l'abdomen rouge.
LC 9-17 mm. Présent toute l'année.
Habitat : fréquent partout.
À savoir ! Les jeunes reines quittent souvent leurs quartiers d'hiver (p. ex, un tas de compost ou un vieux nid de souris) dès le début de mars, soit nettement plus tôt que les autres espèces de bourdons. Pour nourrir ses larves, le Bourdon des prés ouvre les alvéoles depuis le haut afin d'y introduire du pollen. Celui-ci est en outre stocké dans d'autres alvéoles vides comme réserve. §

Bourdon-coucou
Psithyrus rupestris · F. Apidés

Très semblable au Bourdon des pierres, mais ailes brun foncé avec reflets bleus.
LC 15-25 mm. Présent toute l'année.
Habitat : dans les milieux ouverts et généralement secs ; peu fréquent.
À savoir ! Le Bourdon-coucou est un hyménoptère parasite. Il pénètre dans un nid de Bourdon des pierres, ouvre une coupelle contenant des œufs, en élimine ces derniers pour y pondre les siens. Ses larves sont ensuite élevées par les ouvrières de Bourdon des pierres. Le Bourdon-coucou n'a lui-même pas d'ouvrières. §

Bourdon des champs
imago sur un trèfle (à gauche) et nids avec ouvrières (à droite)

bande terminale rouge

bande jaune

bande blanche

Bourdon terrestre

Bourdon des pierres

ailes foncées

Bourdon des prés

Bourdon-coucou

Andrène
Andrena vaga · F. Andrénidés

Tête et thorax recouverts d'une dense pilosité blanc-gris, sinon pilosité principalement noire.
LC 10-14 mm. PV mars-mai.
Habitat : dans les régions sablonneuses ouvertes, assez fréquente.
À savoir ! L'Andrène s'observe dès les premiers jours chauds de l'année. Elle ne forme pas de système de castes, mais niche en colonies denses pouvant compter plus de 1 000 individus. La femelle creuse une galerie souvent profonde de plus de 50 cm, qui se ramifie au bout et conduit à des alvéoles particulières. Ces cellules sont exclusivement remplies de pollen et de nectar de saules, puis garnies chacune d'un œuf. Les larves se développent pour donner une nouvelle  génération d'abeilles en été. Celles-ci ne quitteront cependant le nid qu'après l'hivernage. §

Collète commune
Colletes daviesanus · F. Collètidés

Abdomen avec bandes feutrées gris clair sur le bord des segments.
LC 8-9 mm. PV juin-août.
Habitat : principalement sur les parois abruptes suffisamment consolidées, également sur les vieux bâtiments crépis d'argile ; fréquente partout.
À savoir ! Cette petite abeille solitaire creuse souvent ses galeries dans des matériaux étonnamment durs, parfois même dans du grès. Elle peut par conséquent occasionner des dégâts aux bâtiments. Les galeries se divisent à la façon des doigts d'une main et contiennent chacune plusieurs cellules successives. Les parois des cellules sont enduites d'une salive qui forme une couche transparente et soyeuse en séchant. La Collète commune  récolte le pollen et le nectar presque exclusivement sur les Astéracées. §

Abeille à culottes
Dasypoda hirtipes · F. Mellitidés

Pattes postérieures de la ♀ revêtues de très longs poils (petite photo) servant au transport du pollen.
LC 13-15 mm. PV juil.-sept.
Habitat : généralement commun sur les chemins sablonneux et dans les sablières.
À savoir ! Comme l'Andrène, l'Abeille à culottes niche volontiers en colonies très nombreuses, mais n'apparaît en revanche qu'en plein été. Chez cette espèce aussi, la galerie principale mène à plus de 50 cm de profondeur et se divise ensuite en cellules individuelles. Le pollen et le nectar proviennent exclusivement d'Astéracées. Dans les cellules, l'abeille dépose le mélange relativement sec de nectar et de pollen sur de petits socles, si bien qu'il ne touche le sol que  par ce point, ce qui permet sans doute d'éviter la formation de moisissures. §

Abeille à longues antennes
Eucera nigrescens · F. Anthophoridé s

♂ (grande photo) avec antennes aussi longues que le corps et assez épaisses, ♀ (petite photo) avec antennes normalement développées.
LC 13-15 mm. PV avril-juin.
Habitat : dans les bordures de forêts et de chemins ensoleillées, également en zone urbaine ; assez fréquente par endroits.
À savoir ! Le mâle de cette espèce recherche sa nourriture exclusivement sur les Fabacées, avec une préférence marquée pour la Vesce des haies. Les mâles possèdent de véritables territoires autour de groupes de cette plante et y guettent constamment les femelles visitant les fleurs. De temps à autre, ils se posent brièvement sur les fleurs pour faire le plein de nectar.  Les femelles nichent dans le sol, généralement en petites colonies bien cachées dans l'herbe. §

Andrène

Collète commune
femelle à l'entrée de son nid

pattes chargées
de pollen

Abeille à culottes

très longues
antennes

Abeille à longues antennes

Mégachile
Megachile willoughbiella · F. Mégachilidés

Abdomen nettement aplati, bords des segments avec bandes claires.
LC 12-16 mm. ♂ (petite photo) avec grosses pattes antérieures frangées de blanc, ♀ (grande photo à gauche) avec pilosité ventrale rouge, noire à l'arrière. PV juin-sept.
Habitat : assez fréquente partout dans les lisières forestières, les gravières et les jardins.
À savoir ! Comme tous les Mégachilidés, cette abeille solitaire ne transporte pas le pollen avec les pattes, mais dans l'épaisse fourrure de l'abdomen. Elle niche dans le bois vermoulu, où elle agrandit des trous existants avec ses pièces buccales. À l'aide de ses grandes mandibules, elle découpe ensuite des pièces d'abord ovales, puis rondes dans des feuilles et les emploie comme parois latérales et comme couvercles pour ses cellules. En repliant la partie

inférieure des pièces ovales, l'abeille forme en même temps le sol de la cellule, qui présente finalement la forme d'un dé à coudre (grande photo à droite). §

Anthidie rayée
Anthidium strigatum · F. Mégachilidés

Très petit Mégachilidé, au corps long de seulement 6-7 mm ; corps plutôt trapu, vivement tacheté de jaune.
PV juin-août.
Habitat : généralement commune dans les terrains secs et ouverts.
À savoir ! En raison de sa petite taille, l'Anthidie rayée échappe facilement à l'observation. Ses nids (petite photo) sont également difficiles à trouver, mais on y parvient dans certaines landes où elle colle de préférence ses cellules sur les blocs erratiques. L'Anthidie récolte de la résine et en façonne une cellule en forme de cloche, ouverte en bas (grande photo de gauche). Puis elle récolte du pollen et du nectar. Au nid, elle régurgite d'abord le nectar en plongeant la tête dans la cellule, puis elle se retourne et ôte le

pollen de sa brosse abdominale (grande photo du milieu). Enfin, elle pond un œuf et ferme la cellule en formant un petit tube (grande photo de droite). §

Osmie bicolore
Osmia bicolor · F. Mégachilidés

♀ (les deux photos) noire sur la moitié antérieure du corps, rousse sur l'abdomen ; ♂ discrètement gris.
LC 9-11 mm. PV mars-juin.
Habitat : assez fréquente dans les lisières forestières ensoleillées et sur les prés secs.
À savoir ! L'Osmie bicolore fait également partie des abeilles qui transportent le pollen sous l'abdomen. Elle construit un nid à une seule cellule dans une coquille d'escargot vide. Elle commence par déposer du pollen et du nectar au fond de la coquille, puis pond un œuf. Elle ferme ensuite la cellule à l'aide d'une cloison de feuilles mâchées. Finalement, elle remplit le conduit précédant la cellule de petites pierres, fragments de terre, etc., et stabilise le tout avec une autre cloison de matières végétales (petite photo : nid ouvert). Puis elle tourne la coquille pour diriger l'ouverture vers

le sol. Et pour parfaire le tout, elle camoufle la coquille à l'aide de brins d'herbe ou d'aiguilles de pin (grande photo à droite). §

Mégachile
femelle (à gauche) et cellule (à droite)

Anthidie rayée
femelle construisant sa cellule de résine

Osmie bicolore
coquille d'escargot (à gauche) et camouflage de la coquille (à droite)

Index des espèces

Abeilles avec leur reine (au milieu).

Crédits photographiques

Toutes les photos proviennent de Heiko Bellmann à l'exception des suivantes :

Frank Hecker : p. 15, 17

mauritius images / imagebroker / Guenter Fischer : photo de titre en haut

Friedrich Springob : p. 13.

Les graphiques du livre proviennent en majeure partie du « Lexikon der Tiere », 1er tome, institut lexi-cographique de Munich, avec l'aimable autorisation de la maison d'édition Verlagshaus Stuttgart (VS).

Reinhild Hofmann : illustrations complémentaires

Fritz Wendler : 3e de couverture

Anina Westphalen : 1er de couverture

L'auteur

Le zoologiste Dr. Heiko Bellmann travaille depuis 1975 comme collaborateur scientifique à l'Université d'Ulm. Depuis presque quatre décennies, il consacre en outre beaucoup de temps à photographier les insectes et les arachnides. À côté ce nombreux articles dans les revues spécialisées, il a publié une série de guides de la nature reconnus au niveau international.

L'éditeur

Gunter Steinbach (†), né en 1938, a étudié les beaux-arts à Hambourg et a travaillé durant des décennies dans l'édition. Il a finalement vécu dans sa propriété isolée de l'Allgäu, où il s'est consacré à la nature indigène de façon pratique et journalistique.

AVERTISSEMENT

Les informations et recommandations présentées dans ce livre ont été réunies et vérifiées par l'auteur, le traducteur et l'éditeur avec le plus grand soin. Cependant aucune garantie ne peut être donnée quant à l'exactitude des données. L'auteur comme l'éditeur déclinent toute responsabilité en cas de dommages ou accidents liés à l'utilisation de cet ouvrage.

© 2012 pour les pays francophones sauf la Suisse, Éditions Ulmer, 8 rue Blanche, F-75009 Paris, www.editions-ulmer.fr

© 2011 pour la Suisse, Rossolis, rue Montolieu 5, CH-1030 Bussigny, www.rossolis.ch

Traduction : Klaus Riegler
Relecture : Béatrice Murisier
Impression et reliure : Offizin Andersen Nexč, Zwenkau
Printed in Germany
ISBN 978-2-8413X-562-1 (Éditions Ulmer)
et ISBN 978-2-940365-50-0 (Rossolis)
Tous droits réservés

Titre original : Schmetterlinge.
Édition autorisée sous licence accordée à Éditions Ulmer, Paris
© 2010 Eugen Ulmer KG
Édition autorisée sous licence accordée à Rossolis Sàrl, Bussigny
© 2010 Eugen Ulmer KG

Cécidomyie du hêtre
⇨ p. 138

Cynips des galles-pommes du chêne
⇨ p. 156

Cynips des galles striées du chêne
⇨ p. 156

Cynips des galles-cerises du chêne
⇨ p. 156

Cynips du rosier
⇨ p. 156

Cynips du rosier
⇨ p. 156

Frelon européen
⇨ p. 162

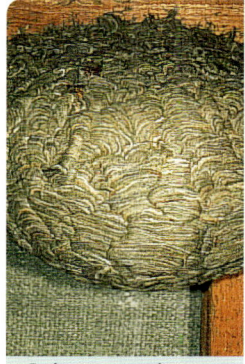

Guêpe germanique
⇨ p. 164

Guêpe saxonne
⇨ p. 164

Poliste
⇨ p. 164

Bourdon des champs
⇨ p. 174

Pompile charbonnier
⇨ p. 166

Abeille domestique
⇨ p. 170

Anthidie rayée
⇨ p. 178

Osmie bicolore
⇨ p. 178